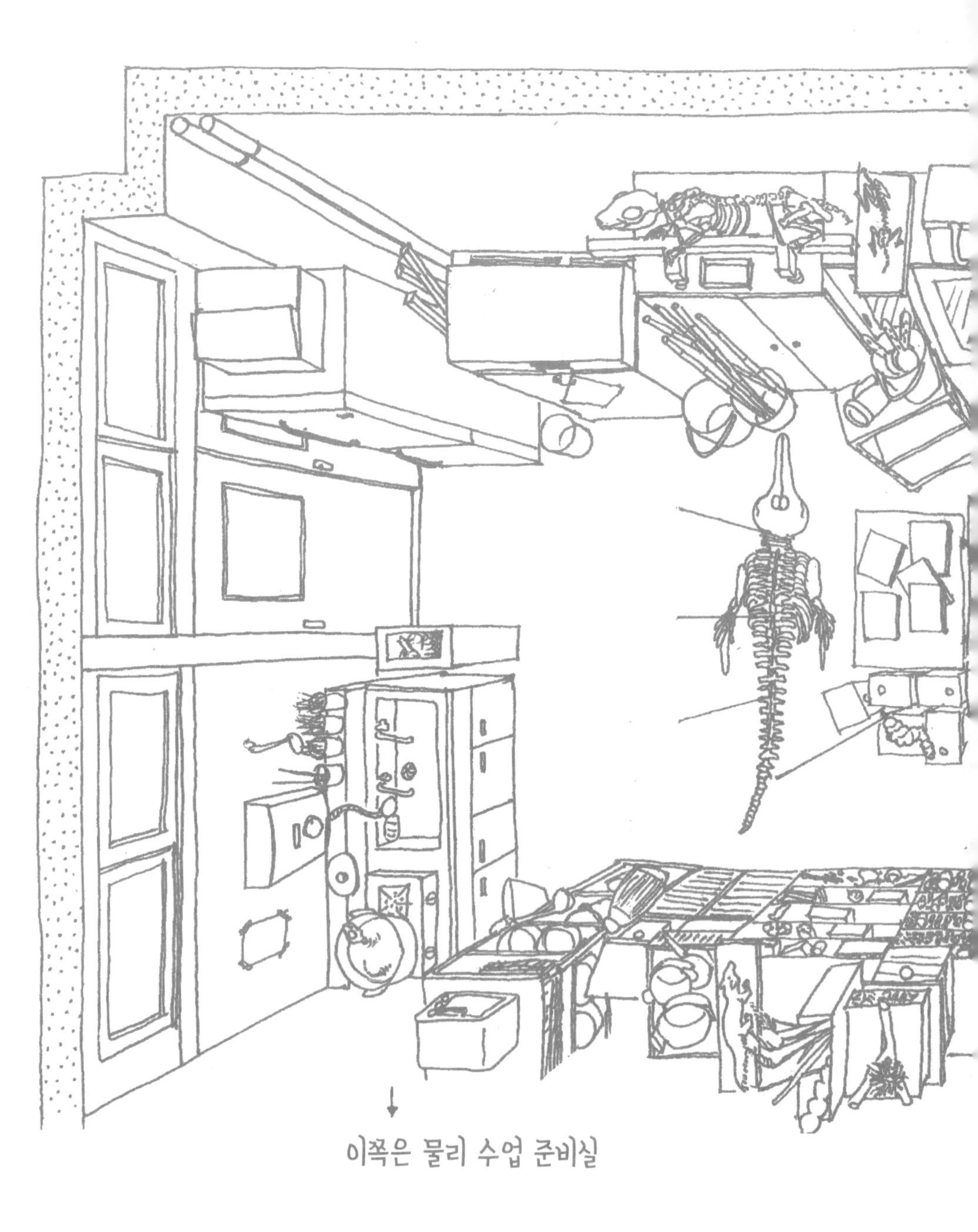
이쪽은 물리 수업 준비실

'해골의 방'이라 불리는
과학실이다.

뼈는 조금 으스스한 물건이고
선뜻 손을 뻗을 수 없는 물건이다.
하지만 그럼에도 불구하고
뼈는 재미있다.

—— 모리구치 미쓰루

뼈의 학교

뼈를 사랑하게 된 사람들의 이야기

뼈의 학교

2021년 1월 10일 초판 인쇄

글·그림 모리구치 미쓰루+야스다 마모루 | **옮긴이** 박소연

기획 이성애 | **편집** 한명근 | **교정·교열** 권혜정
마케팅 한명규 | **디자인** 김성엽의 디자인모아

발행인 한성문 | **발행처** 숲의전설

출판등록 2002년 9월 16일 제2002-000291호
주소 서울시 마포구 망원로71 자연빌딩 302호
전화 02-323-2160 | **팩스** 02-323-2170
전자우편 garambook@garambook.com
블로그 blog.naver.com/garamchild1577
네이버 포스트 post.naver.com/garamchild1577
페이스북 facebook.com/garamchildbook
인스타그램 instagram.com/garamchildbook
트위터 twitter.com/garamchildbook **유튜브** 가람어린이tv

ISBN 979-11-968104-3-6 03470

이 도서의 국립중앙도서관 출판예정도서목록(CIP)은 서지정보유통지원시스템 홈페이지(http://seoji.nl.go.kr)와 국가자료공동목록시스템(http://www.nl.go.kr/kolisnet)에서 이용하실 수 있습니다.(CIP제어번호: CIP2020054963)

뼈의 학교

뼈를 사랑하게 된 사람들의 이야기

모리구치 미쓰루+야스다 마모루 글 · 그림

박소연 옮김

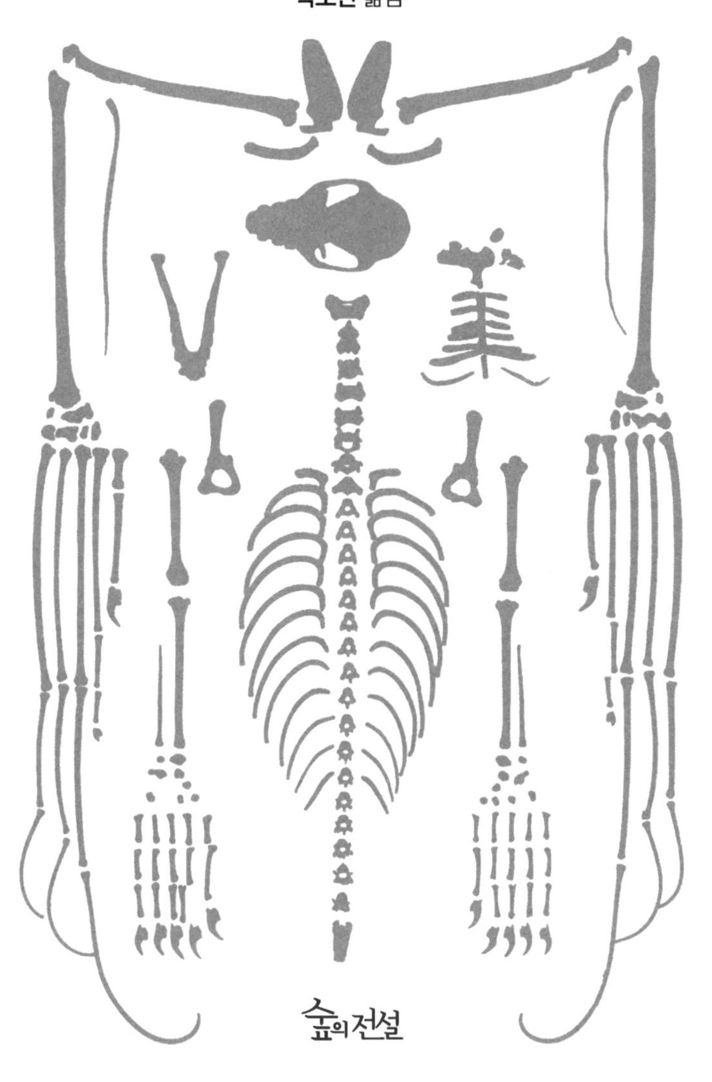

숲의전설

차례

1 고래 뼈를 줍는 방법

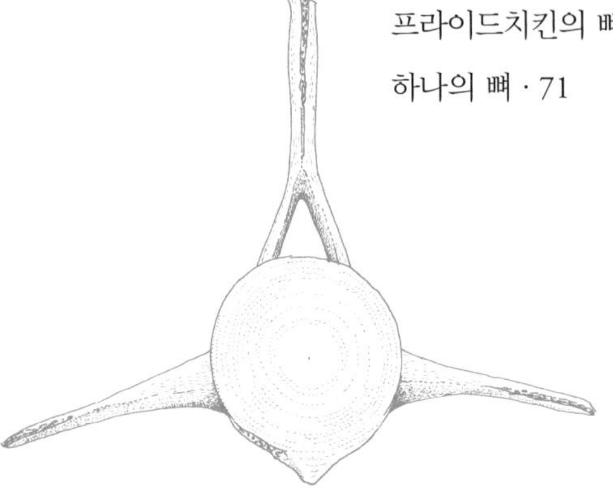

2

토끼 뼈에 담긴 비밀

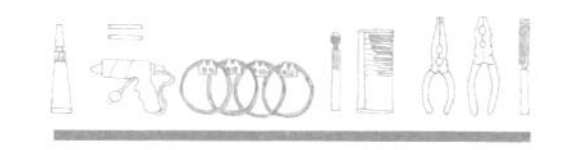

3

족발로 골격 표본 만들기

머리말

"뼈는 정말 아름다워요."

전에 우리 반 학생이었던 아야코가 이런 말을 한 적이 있다. 나도 아야코와 같은 생각이다. 그러나 처음부터 이렇게 생각했던 것은 아니었다.

"이거 학교 근처 공터에서 주웠는데 누구 뼈예요?"

한 학생이 흙투성이가 된 뼈를 들고 와서는 이렇게 물었다.

"혹시 사람 뼈 아닐까요?"

나도 처음에는 뼈를 앞에 두고 이런 생각이 들곤 했다. 발밑에 뒹굴고 있는 이 뼈가 사람의 뼈라면 나는 이제부터 뭘 어떻게 해야 할까…… 라고. 뼈는 그래서 조금 으스스한 물건이고 선뜻 손을 뻗을 수 없는 물건이다. 하지만 그럼에도 불구하고 뼈는 재미있다. 왠지 모를 섬뜩함을 갖고 있는 만큼 우리가 몰랐던 것들을 속삭여 주기도 한다.

나는 학교에서 과학을 가르쳤다. 수업을 할 때 뼈는 꼭 필요한 교재이기도 하다. 다행인지 불행인지, 내가 처음 아이들을 가르치기 시작한 학교는 그때 막 신설된 터라 과학실에 번듯한 표본 하나

갖추지 못했다. 그리고 이 또한 다행인지 불행인지, 우리 학교는 재정이 그다지 넉넉하지 않은 학교여서 나는 내 힘으로 뼈를 줍고 뼈를 바르는 일을 시작하게 되었다.

"이 뼈는 돼지 뼈야, 사람 뼈가 아니고. 아마 근처 라면집에서 버린 거겠지."

선생님이 된 지 10년이 지나자 텅 비어 있던 과학실도 훌륭한 골격 표본으로 넘쳐나게 되었고(해골의 방이라는 별칭도 생겼다), 앞에서 말한 것처럼 나도 아무 거리낌 없이 뼈를 대할 수 있게 되었다. 처음에는 혼자서 하던 뼈 줍기, 뼈 바르기를 언제부턴가 동료 교사인 야스다가 함께 하게 되었고 곧 학생들도 합류했다. 그리고 학교 밖에서도 뼈 친구들이 하나둘 생겨났다.

이 책은 텅 빈 과학실이 해골의 방으로 바뀌기까지 약 15년 동안의 일을 기록한 것이다. 야스다 선생과 함께 책을 쓴 이유는 같은 뼈를 다루어도 뛰어난 분야가 서로 다르다는 것을 깨달았기 때문이다. 뼈의 다양성과 함께 뼈를 사랑하는 사람들의 다양성도 더불어 즐겨 주기를 바라는 마음으로 분담하여 집필하였다.

모리구치 미쓰루

1

고래 뼈를 줍는 방법

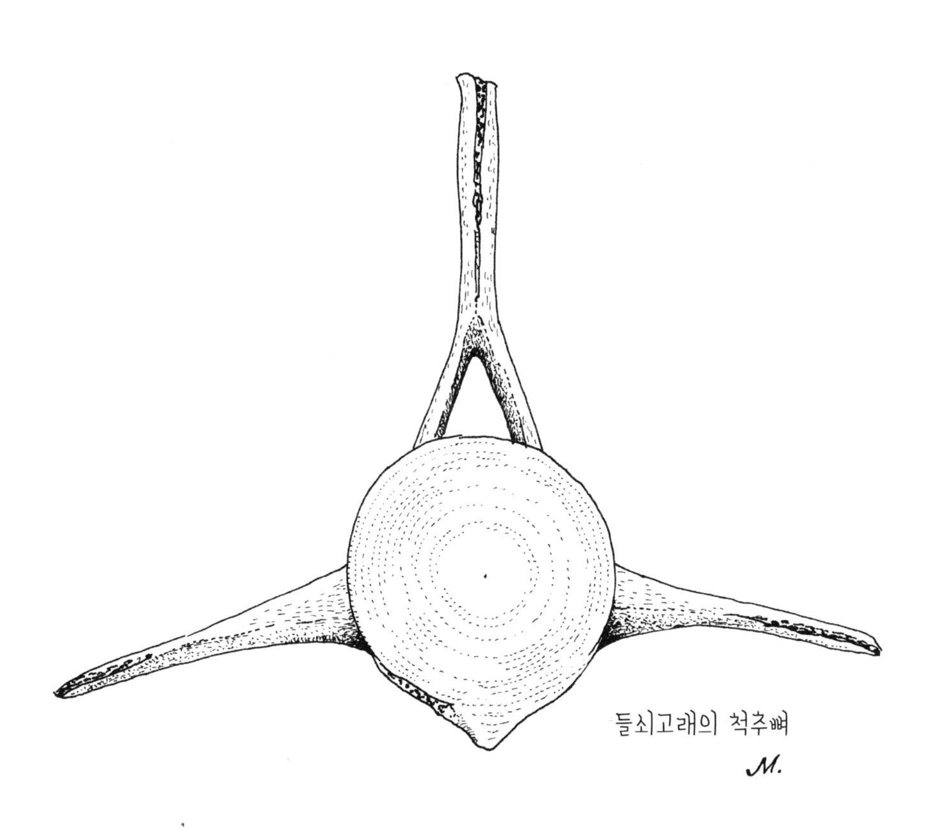

들쇠고래의 척추뼈

뼈 바르기 삼인방

모리구치 미쓰루

"선생님, 저 해부를 해 보고 싶어요."

4월의 어느 날, 입학식이 지나고 한참 뒤의 일이었다. 신입생 한 명이 과학실 문을 살짝 열고 고개만 들이밀며 나에게 말을 걸었다. 곁에는 여학생 두 명이 더 있었다. 이것이 훗날 '뼈 바르기 삼인방'이 되는 요코, 우타, 아야코와의 첫 만남이었다.

내가 근무하던 학교는 중학교와 고등학교가 함께 있었다. 그 아이들은 우리 중학교를 다녔기 때문에 신입생이라고는 해도 우리 학교 해부단에 대해 이미 알고 있었다. 전에도 그 아이들을 본 적은 있지만 그때까지 뼈에 대한 관심을 입 밖으로 꺼낸 적은 없었다. 고등학교에 입학하면서 마음을 굳게 먹고 나에게 온 것 같았다. 하지만 언뜻 보기에 평범해 보이는 이 아이들이 무슨 생각으로 해부를 해 보고

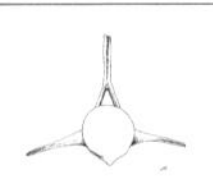

싶다는 건지 분명하게 알 수는 없었다.

마침 그해에는 세 아이들이 입학한 동시에 미노루라는 학생이 막 졸업을 한 참이었다. 미노루는 타고난 손재주를 발휘하여 눈 깜짝할 사이 과학실을 골격 표본으로 꽉 채워 주었다. 그런 학생이 졸업을 하고 없던 터라 우리는 그저 다행이라는 생각으로 아이들의 신청을 받고 해부와 뼈 바르기의 기초를 가르쳤다.

먼저 학교에서 키우는 고양이가 물어 온 흰넓적다리붉은쥐를 직접 해부하여 골격 표본까지 만들어 보게 했다. 처음부터 큰 동물을 해부하기는 어려운 데다 그때 적당한 재료가 없었기 때문이었다.

그러나 흰넓적다리붉은쥐는 해부를 처음 하는 사람에게는 너무 작다. 간신히 온몸의 뼈를 꺼내기는 했지만, 완성된 골격 표본은 쥐라기보다는 도마뱀을 연상시키는 묘한 모습이었다. 나도 야스다도 쓴웃음을 지었다. 하지만 이것은 그들의 첫걸음일 뿐이었다.

이어서 아이들은 족제비 골격 표본 만들기에 도전했다. 이것 역시 어딘가 이상하기는 했다. 이번에 가장 문제가 된 것은 사고로 죽은 족제비의 뼈로 만들었기 때문에 머리뼈가 이미 뿔뿔이 흩어져 있었다는 점이다. 흩어진 머리뼈를 복원하는 것은 초보인 세 학생에게는 아직 힘든 일이었다.

골격 표본에 머리뼈가 빠져 있다니, 이상하기 짝이 없었다. 아이들은 불만 가득한 표정이었다. 어쨌든 아이들의 잘못으로 족제비의 모양이 일그러진 것은 아니니까. 그래서 어떻게든 제대로 된 해부 재료를 구해 주고 싶었다.

아이들은 너구리 골격 표본을 만들고 싶다고 했다. 너구리 사체는

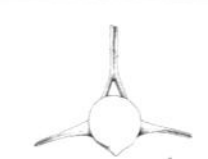

쉽게 구할 수 있지만 당장 줄 수는 없었다. 냉장고에 저장해 둔 사체가 없었기 때문이었다.

"가을까지 기다려 보자. 학교 축제 때쯤이면 너구리 사체를 주울 수 있을 거야."

너구리는 가을에 교통사고를 당하는 일이 잦다. 그리고 이상하게도 해마다 학교 축제 때 첫 번째 너구리 사체가 우리 과학실에 들어오곤 했다.

그해에도 역시 학교 축제가 시작되는 날 너구리 사체를 손에 넣을 수 있었다. 축제 날 과학실 앞에 알 수 없는 비닐봉지가 놓여 있어 의아해하며 들여다보니 그 안에 너구리가 들어 있었다. 나중에 동네 아저씨가 전화를 해 주어 그분이 너구리 사체를 주워 학교에 가져다 놓았다는 것을 알게 되었다.

하지만 여유롭게 해부를 할 수 있는 상황이 아니었다. 축제 준비로 학교 안이 너무나 어수선했다. 축제가 끝날 때까지 너구리를 냉장고에 넣어 둘 수밖에 없었다(그때는 사체 전용 대형 냉동고가 아직 학교에 없을 때였다). 보통 냉장고는 너구리를 보관하기에는 애시당초 불가능하고 보존할 수 있는 기간도 짧다.

그렇다 보니 학교 축제가 끝나 막상 해부를 하려고 했을 때는 이미 고약한 냄새를 풍기고 있었다. 세 학생이 그토록 염원하던 너구리였지만 상태를 보고는 모두들 굳게 입을 다물었다. 교통사고로 인한 골절도 생각보다 심했다. 그래서 이번에도 아이들은 제대로 된 해부를 포기해야 했다.

한참이 지나 이번에는 꽤 여유로울 때 상태가 괜찮은 너구리 사체

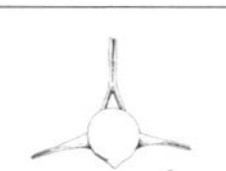

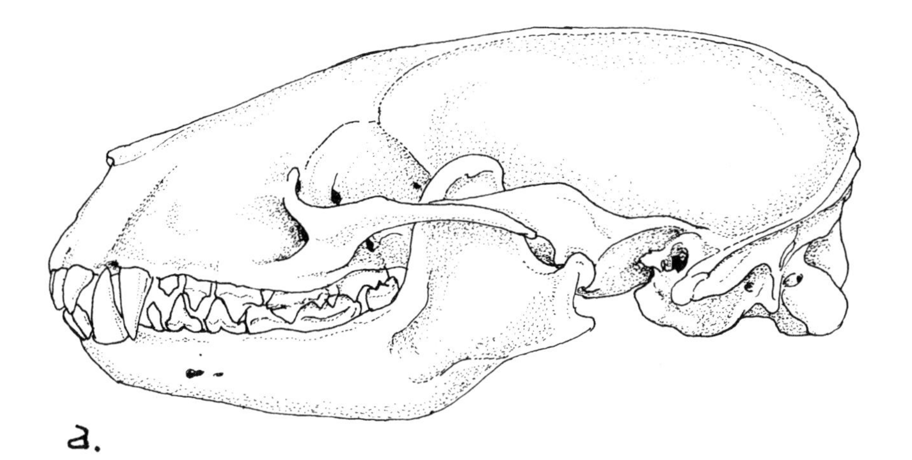

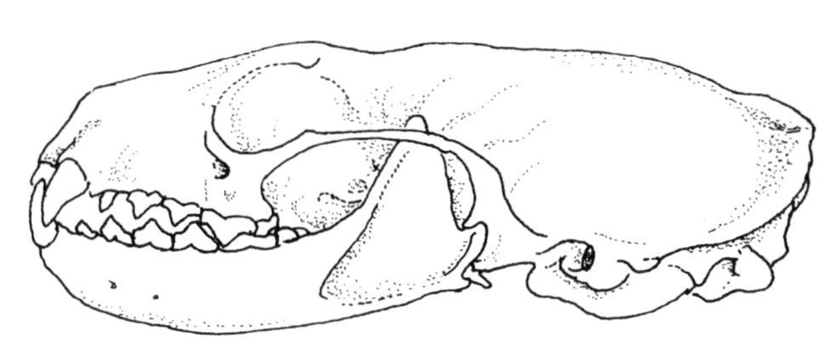

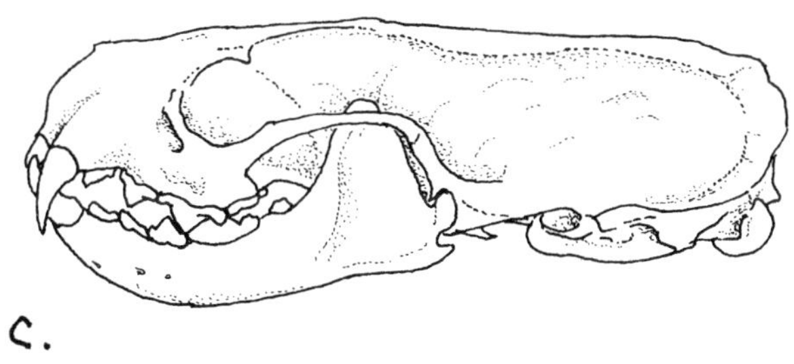

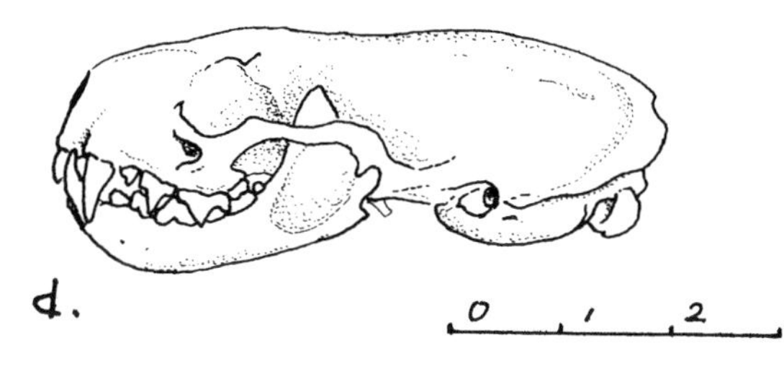

족제빗과 동물의
머리뼈

a. 오소리
b. 산달
c. 밍크
d. 족제비

M

가 들어왔다. 아이들은 해부를 시작한 뒤 처음으로 뼈 바르기와 골격 짜기에만 전념할 수 있었다. 그리고 또 한참이 지난 어느 날, 야스다가 나에게 오더니 웃으면서 말했다.

"알았어, 이유를 알았다고."

조금 전 세 학생이 과학실에 틀어박혀 있는 것을 보았는데, 아이들이 너구리 뼈를 보면서 이상한 이야기를 주고받더라는 것이었다.

"이 뼈는 뭐게?"

"오른쪽 어깨뼈."

"그러면 이건?"

"앞발 발가락뼈."

아이들은 뼈를 맞추며 퀴즈를 내고 있었다.

야스다는 이렇게 말했다.

"아이들이 왜 해부를 하고 싶어 하는지 궁금했잖아. 그런데 그게 퍼즐을 맞추는 그런 기분 때문이었던 거야."

"이 뼈는 어디에 끼울까? 여기 끼우면 딱 맞아."

이런 식으로 말이다.

나는 무엇이든 줍는 것 자체를 좋아한다. 뼈도 마찬가지다. 반면 야스다는 만드는 것을 좋아해서 골격 표본을 만들면 받침대부터 무척 공을 들인다. 그러고 보면 골격 표본 만드는 일을 시작하는 이유는 사람마다 다 다른 것 같다.

이렇게 단순히 퍼즐을 맞추는 재미로 시작한 세 사람의 뼈 바르기는 3년 동안 꾸준히 계속되었다.

그 아이들이 고등학교 3학년이 되어 수학여행을 갔을 때였다. 나는

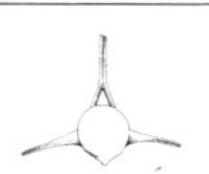

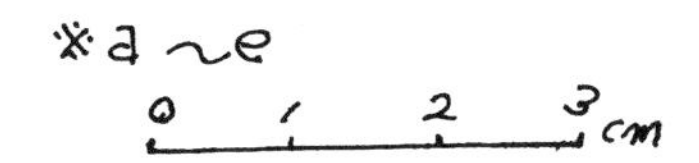

설치류의 뼈

M.

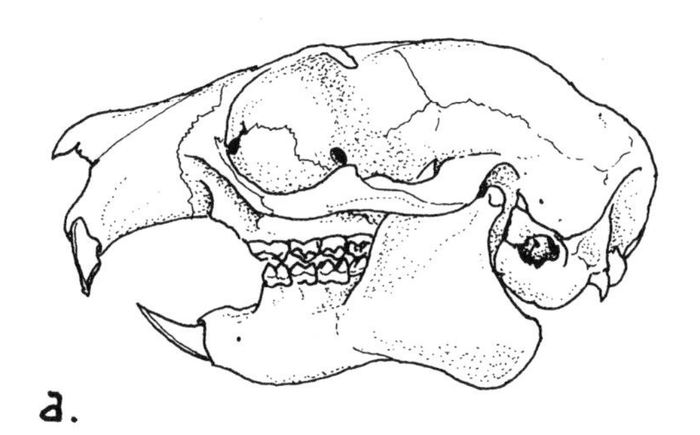

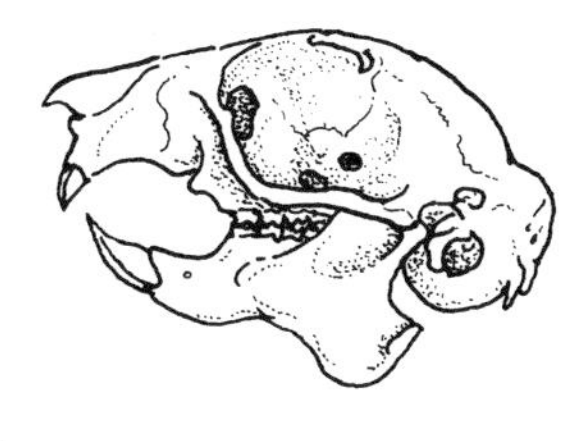

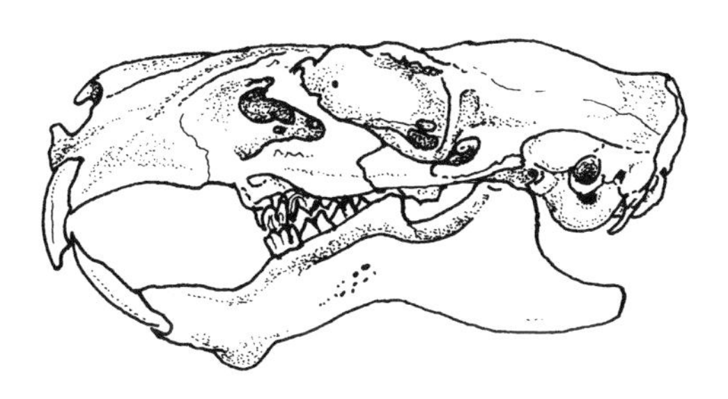

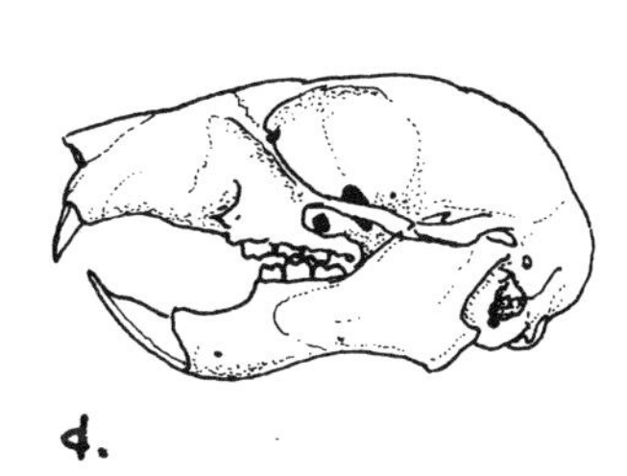

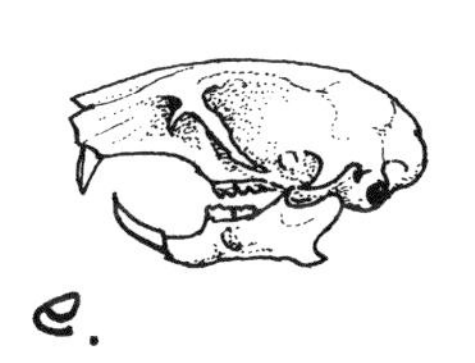

a. 날다람쥐
b. 하늘다람쥐
c. 기니피그
d. 일본다람쥐
e. 흰넓적다리붉은쥐
f. 흰넓적다리붉은쥐 전신

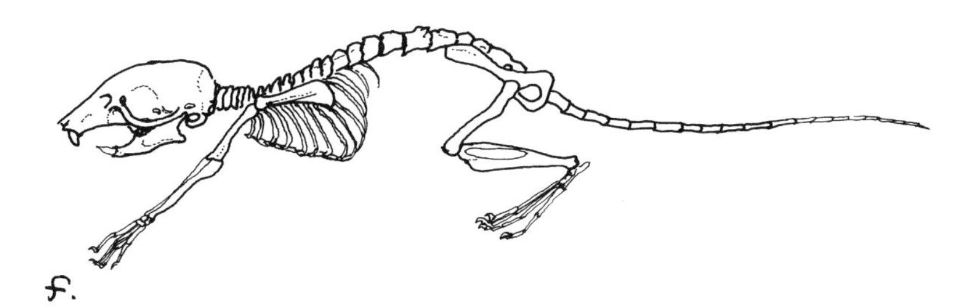

세 아이들 중 둘과 함께 자연 보호 구역인 시라카미 산지를 돌다가 숲속에서 어떤 동물의 백골 사체와 마주쳤다(나중에 강아지라는 것을 알았다). 아직 냄새가 남아 있는 그 뼈를 앞에 두고, 순간 주워 갈까 말까를 망설였다.

그때 우타가 내 앞으로 불쑥 작은 상자를 내밀었다.

"이거요……."

"어?"

"틀니 세정제예요. 뼈를 물속에 담그고 이걸 넣으면 뼈가 깨끗해질 거예요."

나는 한 방 먹은 기분이었다. 그리고 한참 뒤의 일이지만, 우타가 준 이 틀니 세정제는 나중에 뼈를 바를 때 뜻밖의 힘을 발휘하게 된다. 물론 이때는 상상도 못 한 일이지만.

너구리를 줍다

모리구치 미쓰루

어느 날 과학실 문을 두드리는 소리가 들리더니 미술 과목을 가르치는 미즈호 선생이 얼굴을 들이밀며 말했다.

"왜 이렇게 연기가 나요?"

"네?"

문득 정신을 차려 보니 복도에 온통 고약한 냄새와 연기가 가득했다. 얼마 전 학교 근처에서 너구리 사체가 한꺼번에 여섯 마리나 버려져 있는 괴사건이 발생했다. 죽은 원인을 찾기 위해 과학실에서 머리뼈를 꺼내 살펴보기로 결정한 것까지는 좋았다.

우리는 너구리를 학교로 가지고 돌아와 냄비에 넣고 익히기 시작했다. 그런데 불 위에 냄비를 올려놓고는 야스다도 나도 까맣게 잊어버린 것이다. 뒤늦게 확인해 보니 물 한 방울 남아 있지 않은 냄비 바

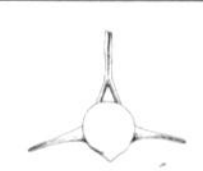

닥에 너구리 머리가 눌어붙어 있었다.

야산을 아무리 돌아다녀도 썩어서 깨끗하게 뼈만 남은 사체를 줍는 것은 거의 불가능하다. 당연히 사체에서 뼈를 발라내는 작업을 해야만 한다. 그중에 가장 손쉬운 방법은 필요한 부분의 가죽을 벗기고 살을 최대한 제거하고 나서 물에 끓여 익히는 것이다.

조금 역겨운 냄새는 나지만 사체가 신선하면 그럭저럭 참을 수 있다(그래도 일반 가정의 부엌에서 하는 것은 추천하지 않는다). 어떤 사람은 물에 간장을 넣고 끓이면 냄새도 그렇고 심리적으로도 한결 낫다고 하는데, 솔직히 말해 나는 그 방법이 더 기분 나쁘다. 그래서 그냥 물에 익힌다. 이 방법은 끈기와 전용 냄비만 있으면 돈도 필요 없고 어렵지도 않아서 좋다.

어떤 동물이냐에 따라 다르지만, 너구리의 전신 골격을 맞추려면 여러 날 끓여야 할 때도 있다. 머리뼈 골격은 살을 대충 떼어 내도 여러 시간 푹 익혀야 한다. 그러다 보면 이렇게 불에 올려놨다는 사실을 잊어버리고 마는 실수도 하게 되는 것이다.

너구리를 주워서 물에 끓이는 이런 거친 방법은 하루아침에 익숙해지는 것은 아니다. 나는 사체를 끓여 뼈를 쉽게 발라낼 수 있다는 것을 대학 때 해부 실습을 하면서 몸으로 익혔다. 그때 난생처음으로 황소개구리 다리를 끓여 뼈를 발라냈다.

그 뒤 선생님이 되면서 앞에서 말한 그런 사정 때문에 특별한 노하우라고 할 것도 없는 이 노하우를 실천해야 했던 것이다. 처음에는 학교 식당에 납품하는 정육점에서 돼지 머리를 얻어 과학 실습 재료로 이용했고, 다음에는 이 지역 출신 학교 직원이 아는 사냥꾼에게서

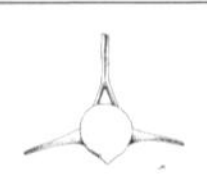

산토끼를 얻어다 주었다.

이들은 사체라고는 해도 요리 재료가 되기도 한다. 돼지 머리를 끓인 국물에 소금, 후추를 넣고 국처럼 마신 학생도 있었고 학생들과 함께 우리 집에서 토끼탕을 만들어 먹기도 했으니 말이다. 선생님이 되고 4년이 지나서야 교통사고로 죽은 뒤 한참이 지나 뼈만 앙상하게 남은 너구리 한 마리를 간신히 주울 수 있었다. 그것도 겁에 잔뜩 질려서.

그때는 이 너구리 뼈를, 특히 앞발가락뼈와 뒷발가락뼈는 어느 게 어느 것인지 전혀 몰라 제대로 짜 맞추지 못했다. 그러면서 조금씩 경험이 쌓이고 시간이 지나 점차 너구리를 냄비에 넣고 푹 익힐 수 있는 담력이 생기기 시작했다.

역시 교통사고로 죽은 너구리가 골격 표본 만들기의 재료가 되는 경우가 많았다. 내가 다니던 자유숲 중고등학교는 숲 속에 있어서 때때로 통학 길에 차에 치여 죽어 있는 동물을 발견하곤 했다. 학생들과 동료 선생님들은 사체를 발견하면 반드시 나에게 알려 주었다. 나도 언제 사체를 줍게 될지 모르기 때문에 차에 언제나 비닐봉지를 준비해 두고 다녔다(야생 동물의 사체이므로 그대로 차에 실으면 진드기가 사방으로 기어 다니기 때문에 비닐봉지에 넣어 진드기가 차 안에 돌아다니지 못하게 해야 한다).

사체를 줍다 보니 어떤 동물이 언제 많이 죽는지도 알 수 있게 되었다. 학교 근처에서 1년 동안 너구리 사체가 발견된 상황을 다음과 같이 기록해 두었다.

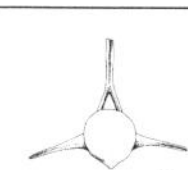

① 2월 3일 - 미노루가 발견. 교통사고.

② 2월 10일 - 내가 발견. 교통사고.

③ 2월 23일 - 야스다가 발견. 교통사고.

④ 3월 9일 - 동료 선생이 발견. 교통사고.

⑤ 9월 6일 - 스기키가 발견. 사인은 알 수 없음. 네 발 외에는 가죽만 남아 있음.

⑥ 10월 4일 - 동네 사람이 발견. 교통사고.

⑦ 10월 17일 - 동료 선생이 발견. 교통사고.

⑧ 10월 22일 - 나와 야스다가 숲 속에 죽어 있는 새끼 너구리 발견. 사인 불명.

⑨ 10월 25일 - 아카네가 발견. 교통사고.

⑩ 10월 31일 - 사치코가 발견. 교통사고.

⑪ 11월 2일 - 동료 선생이 발견. 교통사고.

⑫ 11월 2일 - 동료 선생이 발견. 교통사고.

⑬ 11월 26일 - 동네 사람이 발견. 병으로 죽음.

⑭ 11월 30일 - 아야코가 발견. 교통사고.

⑮ 12월 1일 - 아야얀이 발견. 교통사고.

⑯ 12월 4일 - 학부모가 발견. 사인 불명.
저수지에 사체가 떠 있었음.

⑰ 12월 5일 - 학부모가 발견. 교통사고.

사고로 죽은 너구리

그해는 너구리 사체를 특히 많이 볼 수 있었던 해였는데, 사망 원인은 교통사고가 가장 많았다. 그렇지만 발견한 너구리 열일곱 마리를 모두 가져와 뼈를 발라내고 표본을 만든 것은 아니다. 발견한 사람들 모두가 너구리를 주워 온 것도 아니고 전화로 알려 주기만 한 경우도 있었다. 그중 우리에게 들어온 것이 아홉 마리, 그리고 골격 표본을 만든 것은 여섯 마리였다.

너구리와 여우의 머리뼈

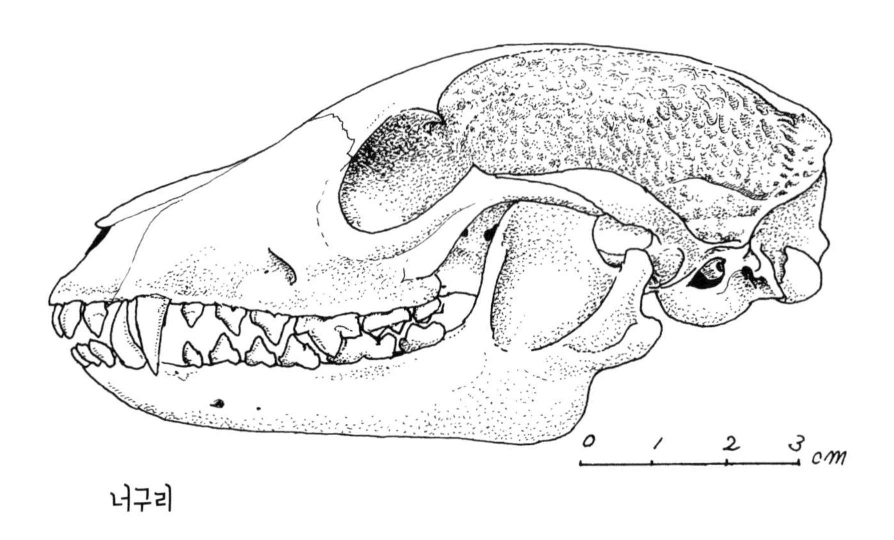

너구리

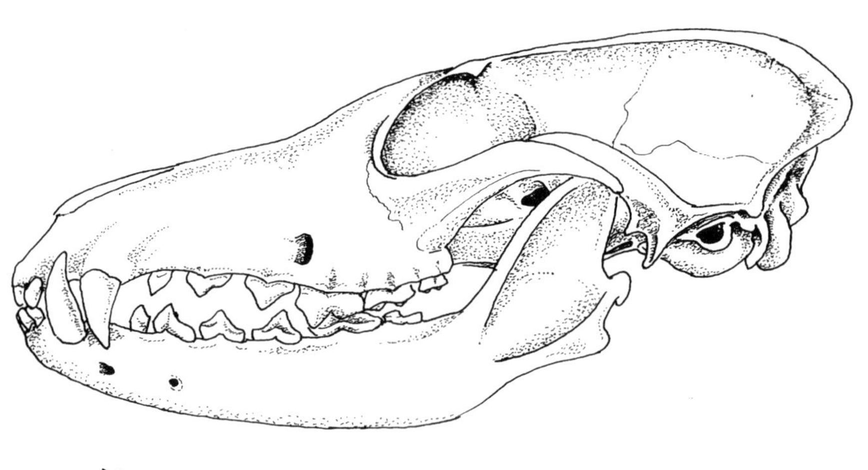

여우

멧돼지와 돼지의 머리뼈

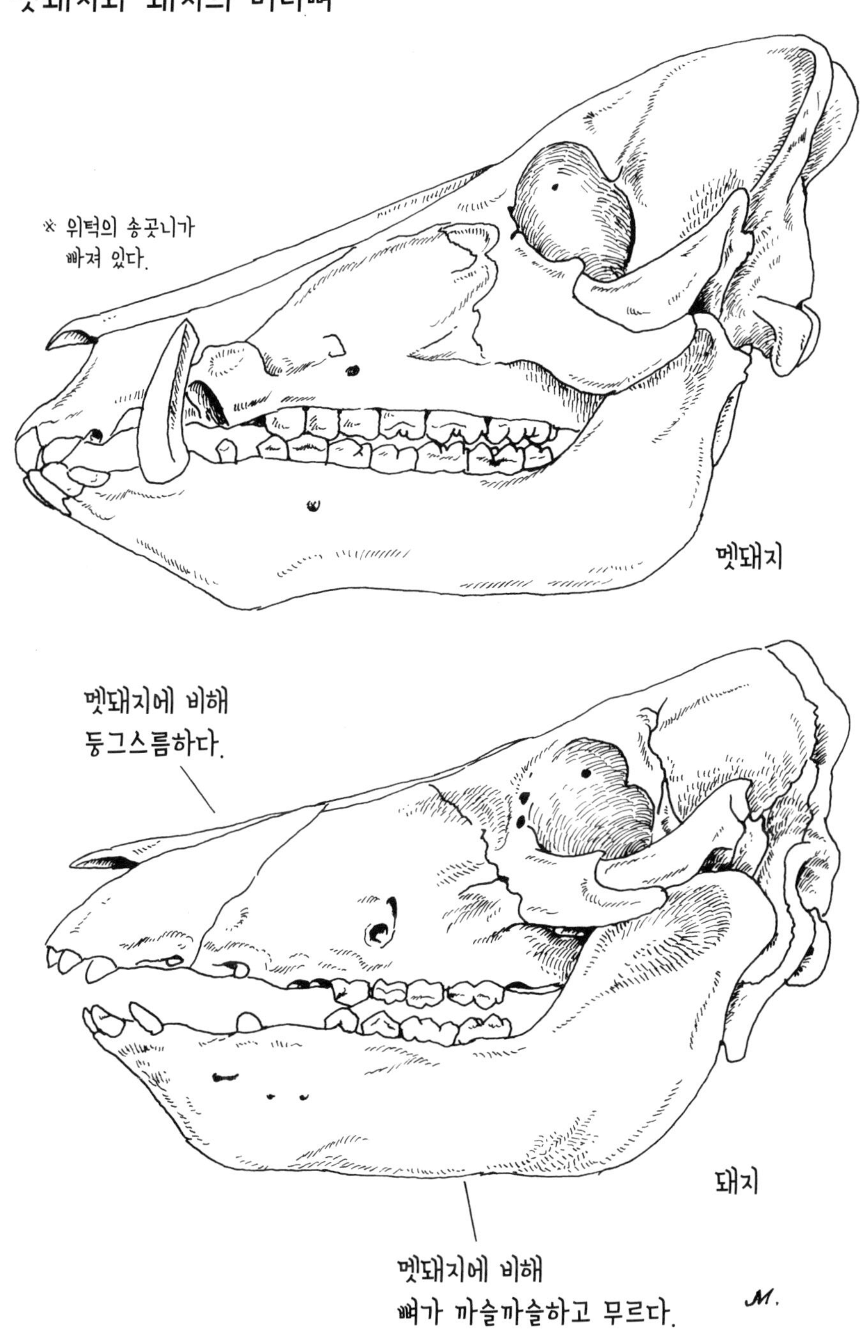

비닐봉지 속에 스컹크가?

모리구치 미쓰루

교통사고를 당한 사체는 주로 너구리지만 종종 다른 동물의 사체도 발견된다. 어느 날 중학생 이가라시가 학습 발표회에서 해부를 하고 싶다며 나를 찾아왔다.

"냉동고 안에 너구리가 있으니까 그걸로 하렴."

가을에 졸업생 테루가 주워 온 너구리가 비닐봉지에서 꺼내지도 않은 채로 다섯 달 동안 냉동고 안에 잠자고 있었던 것을 기억해 낸 것이다. 그런데 한참 뒤 이가라시가 와서는 냉동고에 너구리가 없다고 말했다. 나는 한창 바쁜 터라 그럴 리 없다며 이가라시의 말에 귀를 기울이지 않았다. 며칠 뒤, 이번에는 야스다가 당황한 목소리로 나를 불렀다.

"냉동고 안에 너구리가 아니라 흰코사향고양이가 있어."

분명 그의 발치에는 꽁꽁 얼어붙은 흰코사향고양이가 놓여 있었다.

“이가라시가 냉동고에 스컹크가 있다고 하길래 열어 봤지. 너구리를 잘못 봤을 거라고 생각했는데, 얼굴이 이상한 거야. 자세히 보니까 꼬리가 길더라고. 그래서 더 유심히 보니 발가락이 다섯 개가 있잖아(너구리는 네 개다). 그래서 흰코사향고양이라는 걸 알았어.”

테루가 너구리라고 했기 때문에 제대로 확인하지도 않고 봉지째 냉동고에 넣었는데, 실은 흰코사향고양이였던 것이다.

그때는 학교 주변에서 흰코사향고양이의 사체는 잘 볼 수가 없었다(이것이 우리가 주운 흰코사향고양이 1호였다). 흰코사향고양이는 이름 그대로 얼굴 한가운데 하얀 줄이 있는데 몸집은 너구리와 비슷하다. 전체적으로 날씬하고 꼬리도 길지만 처음 본 사람은 이상하게 생긴 너구리라고 생각하고 말 정도다. 그렇지만 흰코사향고양이는 사향고양잇과이고 너구리는 갯과로 전혀 다른 종류다.

너구리라고 생각했던 것이 당시 잘 볼 수 없었던 흰코사향고양이였으므로 이가라시에게는 미안하지만 발표회에서는 대신 날다람쥐의 해부와 뼈 바르기를 하도록 했다(나중에 이가라시가 거친 솜씨로 접착제로 붙이고 구리선으로 이은 사이보그 같은 골격 표본을 가지고 나타나 우리를 깜짝 놀라게 했다).

그런데 8년 뒤 이 글을 쓰고 있는 요즘은 흰코사향고양이의 교통사고 사체를 흔히 볼 수 있게 되었다.

대신에 해마다 열 마리 넘게 교통사고로 죽던 너구리를 이제는 전혀 볼 수 없다. 학교 근처에서 해마다 교통사고로 죽은 너구리 수를 기록해 놓았다.

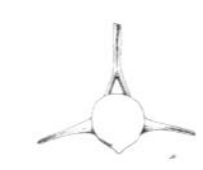

1989년 - 5마리

1990년 - 2마리

1991년 - 9마리

1992년 - 13마리

1993년 - 3마리

1994년 - 4마리

1995년 - 11마리

1996년 - 1마리

1997년 - 2마리

1998년 - 1마리

1999년 - 없음

이렇게 교통사고로 죽은 너구리 수는 해마다 들쭉날쭉했다. 그런데 1996년부터는 현저하게 줄어들었다는 것을 알 수 있다. 또 1999년에 학교 주변 숲을 학생들과 함께 조사해 보았는데, 예전에는 종종 눈에 띄던 너구리의 배설물을 전혀 볼 수 없었다. 분명 너구리 개체수가 줄어들고 있었던 것이다.

1995년 학교 근처에서 옴에 시달리는 너구리를 처음 보았는데, 이것이 너구리가 줄어든 원인이 아닐까 추측하고 있다. 옴진드기 때문에 발생하는 피부병으로, 피부병이라 치사율은 높지 않지만 가려움증이 심하고 털이 빠져 볼품이 없어질 뿐 아니라 밝은 대낮에 사람들

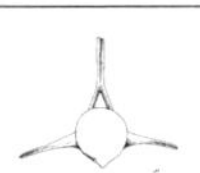

앞에 모습을 나타내는 등의 이상 행동을 보이기도 한다. 특히 겨울철에는 몸에 털이 없으면 체력 소모가 커진다. 아무튼 옴에 걸린 너구리가 나타난 시기와 비슷하게 너구리 교통사고도 줄어들었다.

상황이 이쯤 되면 뼈를 바르기 위해 귀중한 너구리 사체를 아이들에게 선뜻 내줄 수 없다. 그 후 골격 표본 만들기는 흰코사향고양이가 대신하게 되었다. 하지만 너구리의 가치는 변하지 않는다. 너구리는 가장 일반적으로 손에 넣을 수 있는 재료라는 점에서 중요하다.

학교 주변에는 너구리와 흰코사향고양이 외에 다른 동물들도 많지만 교통사고로 죽은 것이든 병으로 죽은 것이든 다른 동물의 사체를 줍는 일은 흔치 않다. 나무 위에 사는 날다람쥐는 교통사고를 당하는 일이 매우 드물다. 나의 기록을 보면 15년 동안 딱 세 번 교통사고를 당했다. 전혀 없는 것은 아니지만 어쨌든 너구리에 비하면 적은 숫자이다.

또 너구리와 비슷한 오소리도 교통사고로 죽은 기록이 세 번뿐이다. 숲에 사는 오소리의 개체수가 적지 않다는 점을 고려할 때 이것은 너구리와 오소리의 생태 차이를 반영한다.

한편 여우는 서식하는 개체수 자체가 적어서 학교 주변에서 사고로 죽은 사체 역시 본 적이 없다. 또 산토끼 배설물은 자주 보는데 사고로 죽은 토끼 사체는 두 번밖에 발견하지 못했다.

이런 이유로 교통시고로 죽은 동물의 사체를 가지고 골격 표본을 만든다면 대부분은 너구리나 흰코사향고양이가 되는 것이다(단 개와 고양이는 제외한다. 개와 고양이를 끓여 골격 표본을 만드는 것은 아무래도 내키지 않으니까).

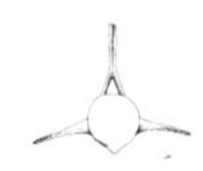

흰코사향고양이의 머리뼈

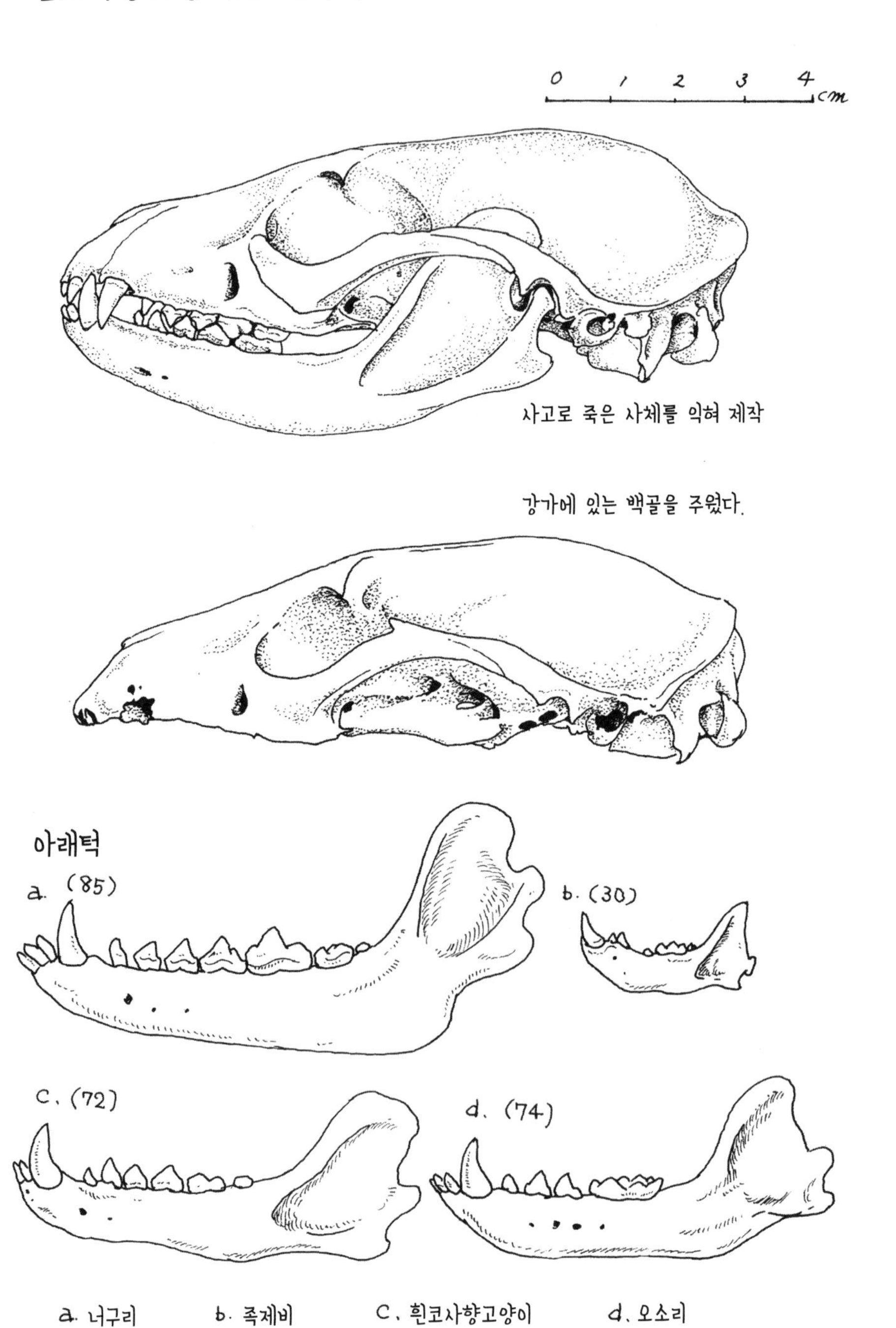

a. 너구리 b. 족제비 c. 흰코사향고양이 d. 오소리

( )안은 길이. 단위 mm

갯과 동물의 머리뼈

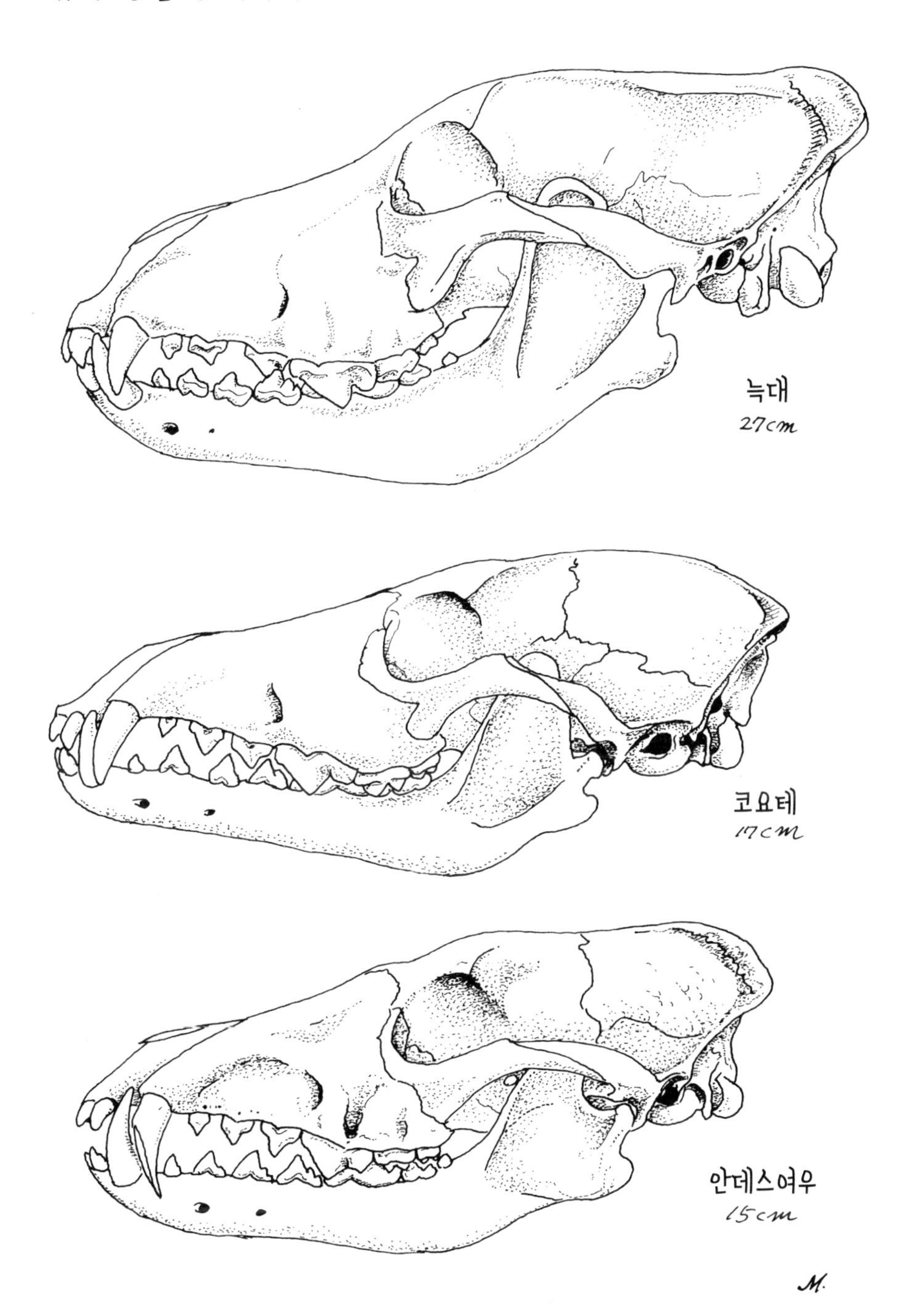

우리는 학교에서 학생들과 함께 골격 표본을 만든다. 그런데 아무리 골격 표본을 잘 만드는 학생이라도 결국은 졸업을 하기 마련이다. 그러면 또 새로운 학생들과 골격 표본 만들기를 처음부터 시작해야 된다. 이때 처음 해부를 해 보는 아이들을 위해서 '손에 쉽게 넣을 수 있는 평범한 동물'이 필요한 것이다.

새를 줍다

모리구치 미쓰루

어느 날 친한 수의사에게서 전화를 받고 깜짝 놀랐다.

"교통사고를 당한 암컷 공작이 있는데, 혹시 필요하세요?"

'공작이 밖을 돌아다니다 차에 치였다고요?'라는 말이 목구멍까지 튀어나오려 했다. 물론 누군가가 애완용으로 키우던 공작이 도망친 게 틀림없겠지만.

수의사에게서 공작을 받아 골격 표본을 만들었다. 새도 교통사고를 당하는구나, 하는 생각이 들었다. 교통사고를 당하는 건 부엉이가 고작인 줄 알았는데…….

새의 사체가 나에게 들어올 때는 크게 두 가지 경우가 있다. 하나는 유리창에 부딪쳐 죽은 경우, 또 하나는 둥지를 떠났으나 독립에 실패한 어린 새의 경우이다. 어린 새는 뼈가 완전히 성장하지 않았기

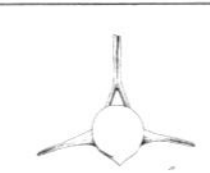

때문에 골격 표본을 만드는 데는 적합하지 않다.

사람들도 때로는 유리가 있는 것을 모르고 그대로 지나가다 부딪칠 때가 있다. 새들은 유리가 존재한다는 사실을 모르는 데다 유리창에 바깥 풍경이 비쳐 보이면 그대로 날아들어 뇌진탕을 일으키거나 심한 경우는 골절로 인해 죽는다.

나는 딱 한 번 새가 유리창에 부딪쳐 죽는 것을 목격한 적이 있다. 밤에 패밀리 레스토랑에서 친구와 이야기를 나누고 있었는데, 갑자기 새가 유리창을 향해 돌진하더니 '쾅' 하고 커다란 소리를 내고는 그대로 땅에 떨어져 죽어 버렸다. 그것은 집비둘기였다.

학교나 길에서 이런 사고로 죽어 사람들이 나에게 들고 오는 새는 동박새, 직박구리, 촉새, 흰배지빠귀, 방울새, 박새, 물까치, 물총새, 말똥가리, 꼬리치레 등등 종류도 가지각색이다. 꼬리치레는 원래 애완용 새가 야생 새로 바뀐 것이다. 어느 날 동네 사람이 회사 사무실 창가에 떨어져 있었다며 세 마리나 들고 온 적이 있다.

좀 더 특별한 경우도 있다. 언젠가 학생들이 코퍼긴꼬리꿩의 사체를 들고 나에게 왔다. 학교 정원에서 코퍼긴꼬리꿩을 주웠다는 것 자체도 놀라웠지만, 주워 온 학생 말로는 학교 건물(유리창이 아니다)에 부딪쳐서 떨어졌다고 했다. 게다가 몸에는 부딪쳐서 생겼다고는 생각할 수 없는 외상이 있고, 건물 벽에는 피가 묻어 있었다. 아무래도 상처를 입은 상태에서 참매에게 쫓겨 날아가다가 학교 건물에 부딪쳐 숨이 끊어진 것 같았다. 이런 새들은 언제 줍게 될지 예상할 수 없다.

학생들과 함께 새를 주우러 나설 때도 있다. 새를 주우러 가는 장소는 대개 바다이다. 바다에서 주울 수 있는 새는 갈매기나 도요새와

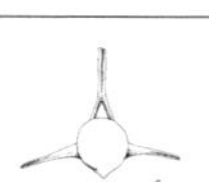

같은 물새만이 아니다. 이동하는 시기와 겹쳐 해변에 밀려 올라온 솔부엉이를 줍기도 한다. 날아가다가 힘이 빠졌기 때문인데, 같은 이유로 바다에는 집비둘기의 사체도 많다. 바다로 가면 반드시 새를 주울 수 있는 것은 아니지만 5월에서 6월경 큰 바다와 접한 바닷가로 나가면 생각지도 못한 새를 주울 때도 있다.

몇 해 전 5월이었다. 우리 반 아이들을 데리고 바다로 뼈를 주우러 갔다.

"저는 사체도 싫고 무서운 건 질색이에요."

가즈마가 말했다. 같이 갔던 아이들 모두 그때까지 한 번도 뼈를 주워 본 적이 없는 학생들이었다. 그래도 가즈마는 해변에 밀려 올라온 새의 사체를 찾아낼 때마다 열심히 비닐봉지에 집어넣었다.

그런데 그날은 새의 사체를 바로 찾아 기뻐하는 것도 잠시, 모두 당황하기 시작했다. 새의 사체가 끝도 없이 바닷가로 밀려왔기 때문이다. 바닷가를 따라 대략 4킬로미터를 걸었는데, 백 마리도 훨씬 넘는 엄청난 수의 새가 밀려 올라왔다. 그중에는 아직 숨이 붙어 있는 것도 있었다. 아이들은 매우 놀란 눈치였다.

"환경 오염 때문에 떼죽음을 당했나 봐요."

학생 하나가 새의 사체를 보자마자 이렇게 말했다.

"선생님, 이 새들 모두 알을 낳고 죽은 걸까요?"

언제나 엉뚱한 이야기를 잘하는 나미는 산란하고 죽은 연어와 혼동한 건지 이번에도 엉뚱한 질문을 던졌다.

하지만 새들의 이런 기이한 떼죽음은 실은 해마다 볼 수 있는 현상이다. 새의 이름은 쇠부리슴새이다. 원래는 오스트레일리아 남동부

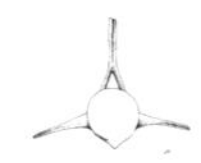

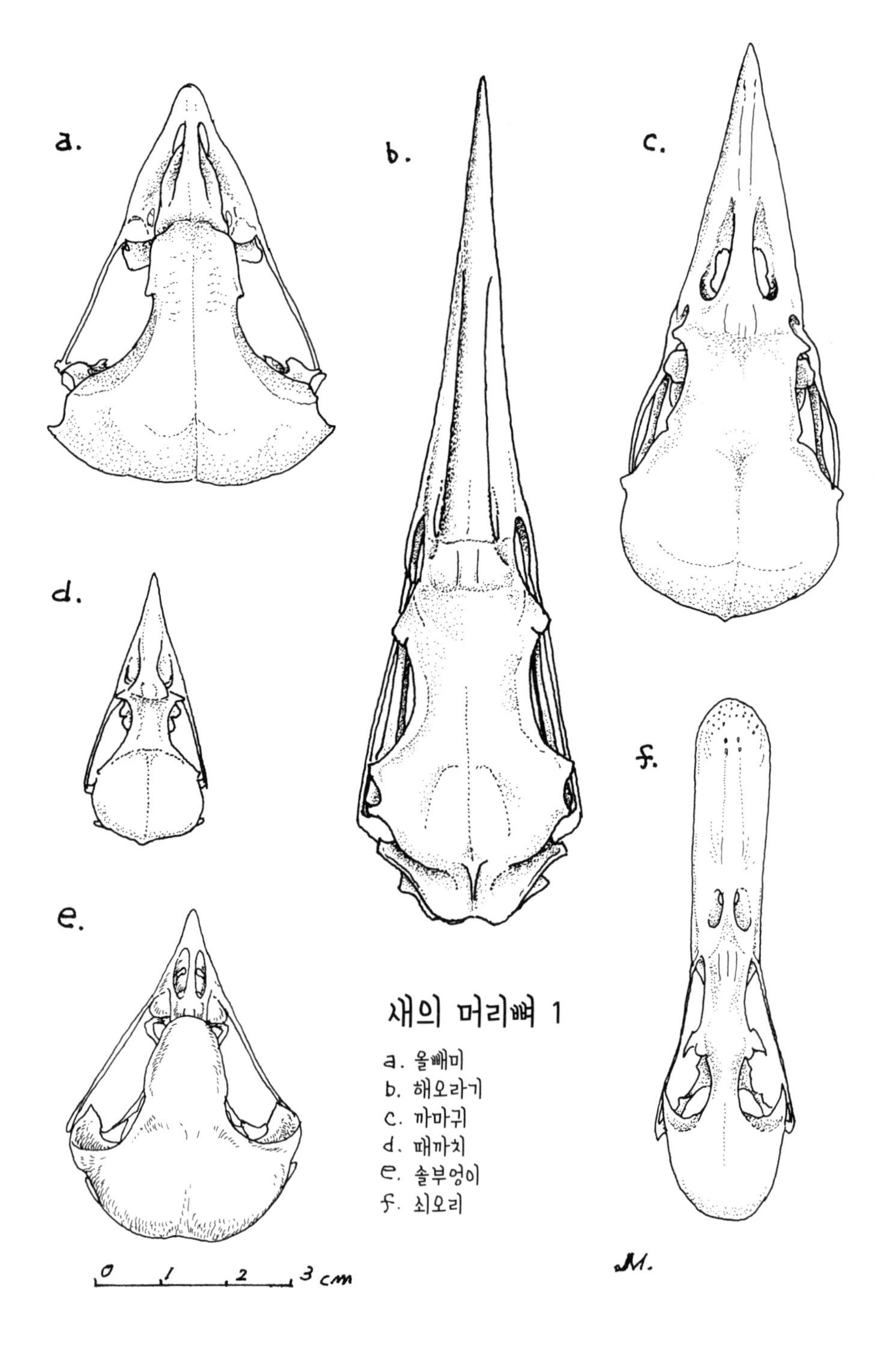
a.
b.
c.
d.
e.
f.
새의 머리뼈 1
a. 올빼미
b. 해오라기
c. 까마귀
d. 때까치
e. 솔부엉이
f. 쇠오리
0
1
2
3 cm
M.

새의 머리뼈 2

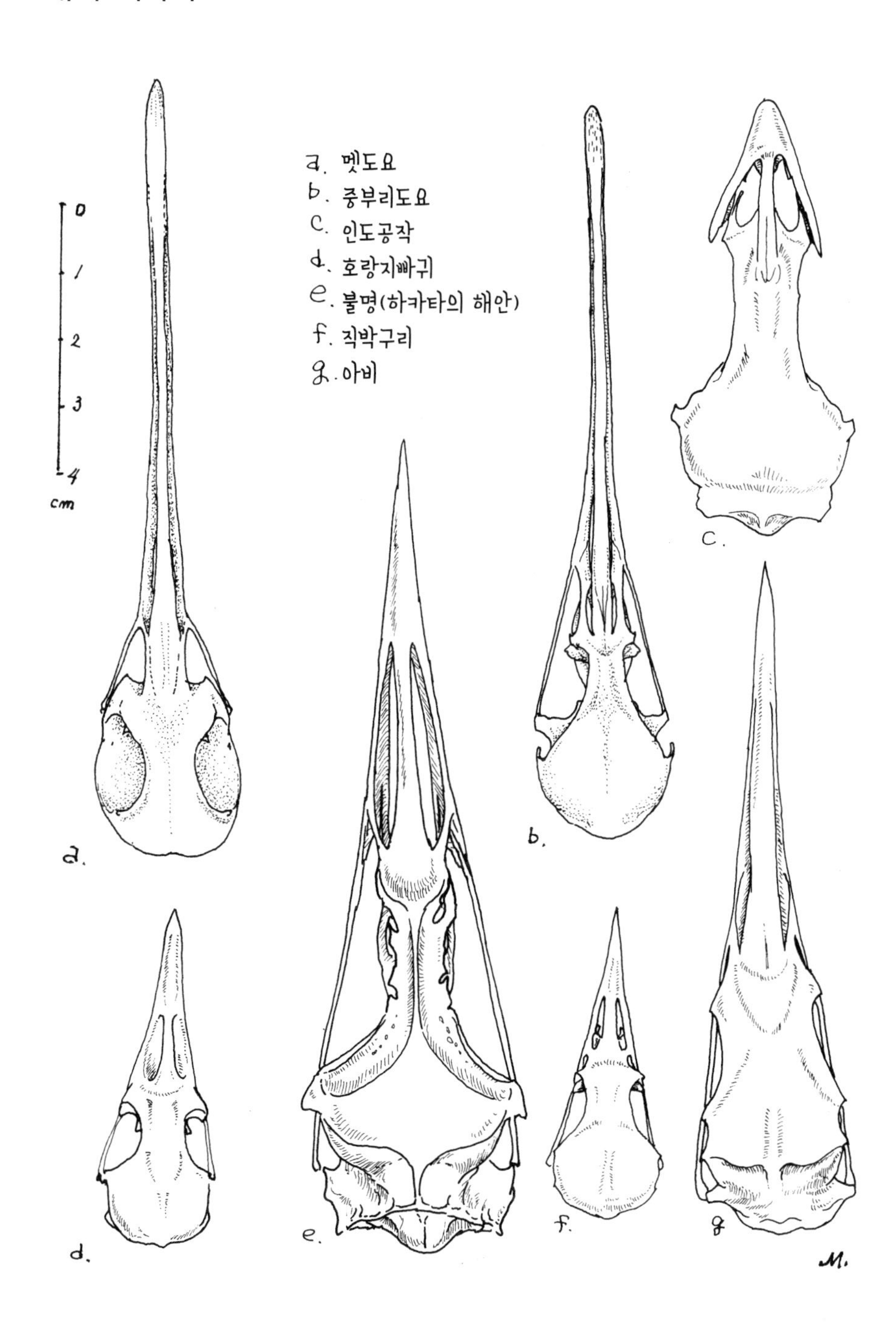
a. 멧도요
b. 중부리도요
c. 인도공작
d. 호랑지빠귀
e. 불명(하카타의 해안)
f. 직박구리
g. 아비
0
1
2
3
4
cm
a.
b.
c.
d.
e.
f.
g
M.

의 타스마니아섬 근처에서 번식하는 철새로, 이 시기에 일본의 바다 근처까지 북상한다.

쇠부리슴새의 떼죽음은 사람들의 관심을 끌어 다양한 연구 결과가 나오고 있다. 연구자들은 철새가 이동할 때 어미 새와 어린 새가 따로따로 무리를 짓는데, 대부분 그해에 태어난 어린 새들이 떼죽음을 당한다고 발표했다. 또 떼죽음을 당한 새들을 해부해 보니 위 속이 텅 비어 있어, 영양실조로 쇠약해져 죽은 것으로 추정했다.

새에 대해 잘 아는 졸업생에게 물어보니, 먹지도 마시지도 않고 날고 있을 때 강풍이 불면 체력이 약한 어린 새들은 죽을 수도 있다고 알려 주었다.

나카니시 히로키의 《해류의 선물》에 따르면 1975년에 쇠부리슴새의 사체를 전국에서 2만 마리나 찾았다고 한다. 그 밖에 일본 앞바다에서 번식하는 슴새와 북태평양 미드웨이섬에서 대량으로 번식하는 레이산알바트로스의 사체도 때때로 해안으로 올라온다. 바다가 없는 이곳 사이타마현 산기슭에 있는 우리 학교 과학실에 가장 많은 새의 골격 표본이 쇠부리슴새인 것은 바로 이런 이유 때문이다.

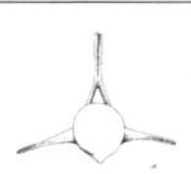

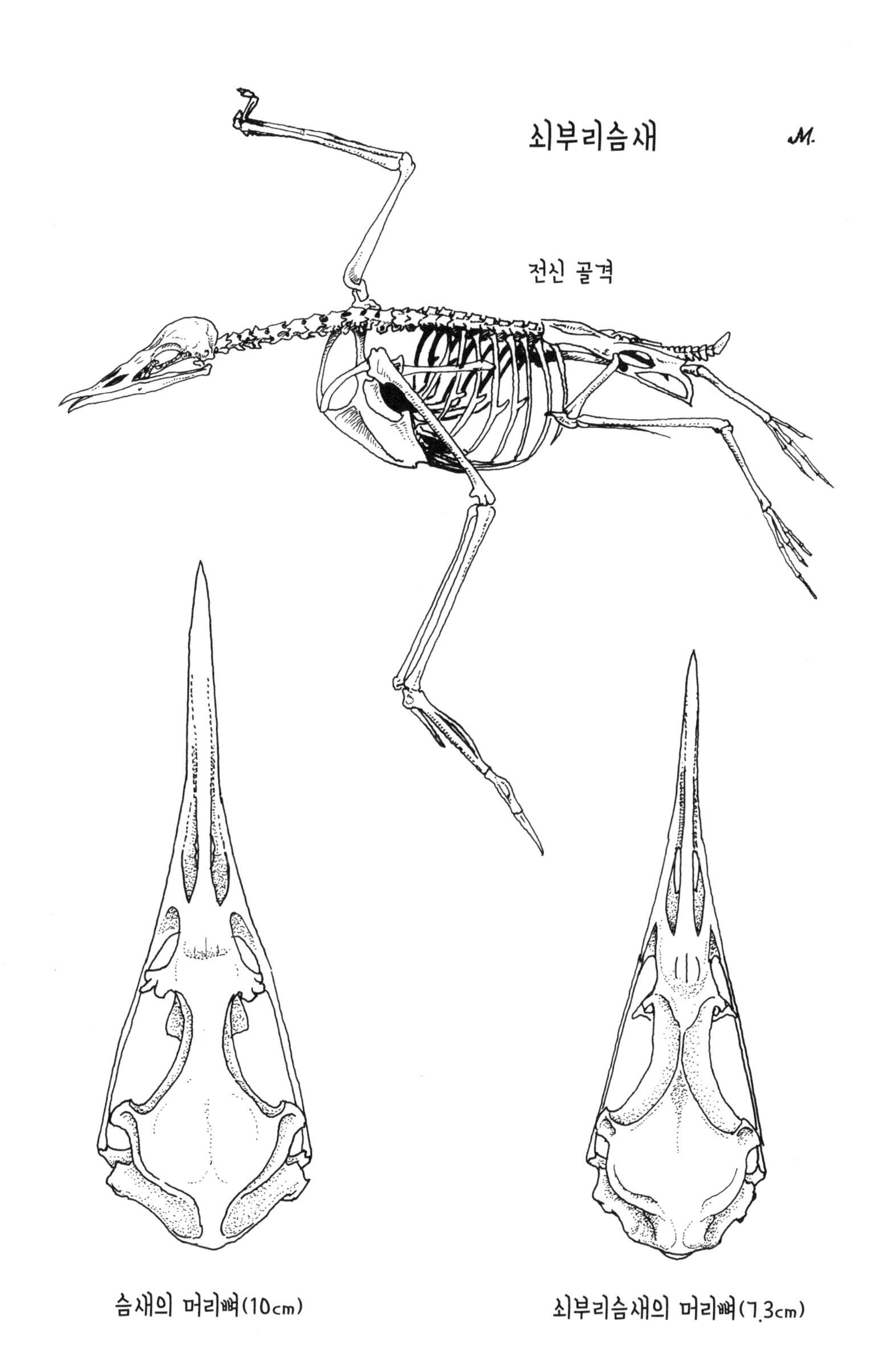

슴새의 머리뼈(10cm)

쇠부리슴새의 머리뼈(7.3cm)

고래 뼈를 줍다 1

모리구치 미쓰루

"더 큰 것을 만들어 보고 싶어요."

지금까지 골격 표본 만들기를 함께 해 온 많은 학생들 중 전무후무한 실력을 발휘했던 미노루(앞에서도 등장했다)가 어느 날 이렇게 말했다. 너구리를 비롯해 교통사고로 죽은 동물들의 사체를 시작으로 학교 주변에 사는 동물들의 골격 표본 만들기를 한차례 끝낸 뒤였다.

바닷가에서 쇠부리슴새와 레이산알바트로스를 주워 와 새들의 골격 표본을 만들더니, 끝내는 '비행목(Rhinogradentia, 鼻行目)'이라는 상상 속 동물의 골격 표본까지 완성하였으니(모든 뼈를 손수 제작해 짜 맞추었다) 미노루가 그런 생각이 든 것은 어쩌면 당연한 일이다.

그래서 나와 야스다는 홋카이도 바다에 가면 큰 것들을 주울 수 있을지도 모른다고 말해 주었다. 그 말을 듣고 미노루는 여름방학이 되

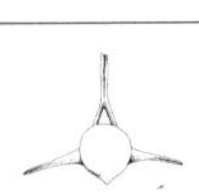

자마자 홋카이도로 여행을 떠났다.

여름방학이 끝날 무렵 남자 기숙사가 시끄러워졌다(미노루는 기숙사에 살고 있었다). 기숙사가 온통 악취로 가득했기 때문이었다. 원인은 미노루가 홋카이도에서 학교 기숙사로 보낸 우편물이었다. 그 우편물 푸는 것을 돕다가 나도 끝내 도망치고 말았다.

미노루는 홋카이도 바닷가에서 살이 그대로 붙어 있는 줄박이돌고래 한 마리를 통째로 발견해 세 토막을 내어 택배로 보냈다. 한창 더운 여름에 기숙사에 오랫동안 방치된 돌고래 사체가 어떻게 되었는지는 말하지 않아도 잘 알 것이다.

미노루는 돌고래를 푹 삶아 뼈를 발라내고 받침대를 만들어 골격 표본을 완성했다. 그것을 보니 왠지 불안해졌다. 나는 미노루에게 골격 표본 만들기를 가르치는 선생님이다. 그런데 미노루가 이 정도로 성장했다면 선생인 내 자리가 위태롭지 않겠는가. 아니, 그것보다 미노루가 더 이상 나를 필요로 하지 않으면 내 존재가 시시해질 것 같았다. 그것이 나는 두려웠다.

그래서 자그마한 역습을 시도했다. 미노루가 돌고래를 줍는다면 나는 고래를 주워 오겠다. 그렇다면 고래는 어디 가서 주워야 할까?

생각 끝에 나는 이런 가설을 세웠다. 일본은 예전에 고래잡이가 성했다. 원양 포경뿐 아니라 연안 포경도 여기저기서 이루어졌다. 그래, 예전에 고래잡이가 성행했던 곳에 가면 고래 뼈를 주울 수 있지 않을까?

연안 포경의 중심지인 동북지방의 아유카와 항구와 기이 반도는 이전에 이미 방문한 적이 있어 거기서는 고래를 주울 수 없다는 것을

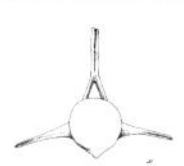

돌고래의 머리뼈

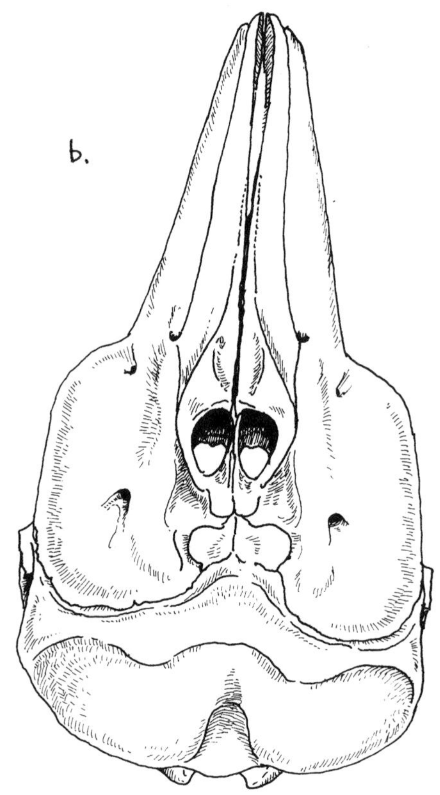

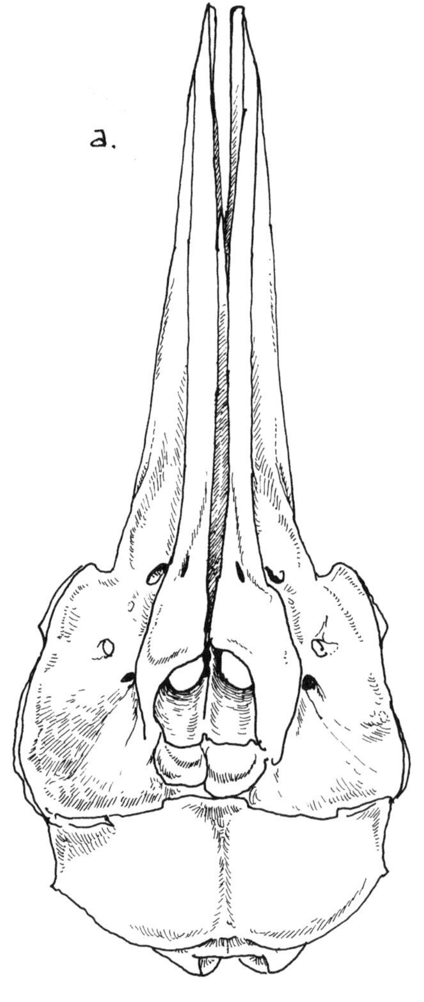

a. 점박이돌고래(전체 길이 37cm)
b. 줄박이돌고래(전체 길이 26cm)

M.

알고 있었다. 치바의 와다우라 마을은 지금도 고래잡이를 계속하고 있지만, 고래를 잡은 후 뼈 하나도 버리지 않고 이용하기 때문에 뼛가루나 볼 수 있을까 거의 흔적을 찾아볼 수 없을 것이다.

그래서 규슈의 고토 열도가 후보에 올랐다. 내가 가진 여행 책자에 절 입구의 기둥을 고래 턱뼈로 만들었다는 설명과 함께 사진이 실려 있었다. 그래, 고토로 가자. 방학을 이용해 나는 고토 열도로 향했다. 지도를 보면서 섬의 주요 바닷가를 돌아다녔다.

첫날, 후쿠에섬에서는 아무것도 줍지 못했다. 이튿날, 섬을 북상하면서 걸었지만 소득이 없었다. 사흘째, 아리가와항에 도착했다. 목표로 하는 고래 뼈는 끝내 찾지 못했다. 그리고 나흘째, 하마구리 해변에 도착했다. 여기서는 해마를 주운 것이 고작이었다. 그래도 바닷가를 따라 조금 더 걸으니 바위가 있고 작은 항구가 또 하나 보였다. 나는 거기까지 가 보기로 했다.

그곳에서 드디어 고래를 찾을 수 있었다. 고래는 고래지만 들쇠고래라는 몸집이 작은 고래였고 머리뼈만 떨어져 있었다. 그래도 고래를 찾아 여기까지 온 것이므로 더할 수 없이 기뻤다. 그런데 문제는 이 고래 머리뼈에는 아직 살이 잔뜩 붙어 있어서 고약한 냄새가 난다는 것이었다. 그래서 결국 주워 오지는 못하고 고래를 찾았다는 증거로 이빨을 채취하고 사진을 찍은 후 섬을 떠나야 했다.

여름방학이 끝나고 나서 미노루에게 고래의 머리뼈를 찾았지만 가져오지 못했다고 말해 주었다. 그러자 미노루는 5월 연휴에 고토 열도로 떠났다. 미노루는 내가 주워 오는 데 실패한 고래 머리뼈를 무사히 주워 택배로 학교에 보내왔다. 그러고도 미노루는 돌아오지 않

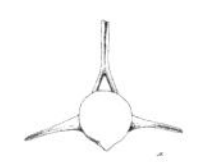

았다.

미노루가 바닷가를 걷고 있는데 섬 아이들이 말을 걸었다고 한다.

"형, 뭐 해요?"

"난 고래 뼈를 주우러 왔어."

언제나 솔직한 것이 미노루의 장점이다.

"고래 뼈는 이쪽에 많이 있어요."

아이들 덕에 미노루는 내가 찾아내지 못한 곳까지 갈 수 있었다. 그곳에는 들쇠고래 다섯 마리의 머리뼈와 척추뼈가 여러 개 있었다고 한다. 미노루가 미칠 듯이 기뻐한 것은 말할 것도 없다.

"우리 아빠가 어부거든요."

한 아이가 이렇게 말하고는 미노루를 위해 바닷가로 배를 띄워 주었다. 배에 뼈를 가득 싣고 항구로 돌아오는 미노루의 모습은 상상만 해도 재미있다. 미노루가 찾아낸 뼈는 또다시 학교로 보내졌다. 나는 미노루의 이야기를 들으며 역시 고래 뼈를 줍겠다면 어설프게 마음 먹어서는 안 되겠구나 하는 생각을 했다.

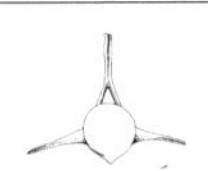

들쇠고래의 머리뼈

고래 뼈를 줍다 2

야스다 마모루

"선생님, 그게 뭐예요? 어디서 났어요?"

고래의 거대한 척추뼈를 보여 주면 아이들은 반드시 이런 질문을 한다.

"바닷가를 걷는데 이게 떨어져 있어서 주워 왔어."

이렇게 말하면 아이들은 믿을 수 없다는 얼굴을 한다. 그럴 수도 있겠지, 하는 얼굴도 있다. 그럴 수 있다. 나도 직접 주워 오기 전까지는 그렇게 생각했다.

약 10년 전 봄, 나는 홋카이도를 여행하고 있었다. 시레토코 반도에서 에조사슴과 참수리를 보고 '과연 홋카이도구나.' 하며 감탄했다. 그런데 어느 날 같은 숙소에 묵고 있던 사람이 이런 말을 했다.

"고래 머리가 떨어져 있다는 것 같아요."

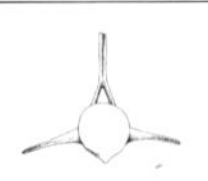

"네? 뭐요? 고래 머리요?"

나는 몹시 흥분하여 바로 하마톤베쓰라는 곳으로 달려갔다. 그곳 숙소로 무턱대고 들어가 나도 모르게 "고래 머리가 있다고 들었는데 사실인가요?"라고 물었다. 숙소 아주머니는 웃으면서 근처 바닷가에 밀려 올라와 있다고 알려 주었다.

다음 날 알려 준 바닷가를 따라 걷기 시작했다. 이른 봄의 바람은 꽤 차가웠다. 얼음 덩어리가 바닷가 여기저기에 줄지어 떠 있고 바다는 저 멀리까지 펼쳐져 있었다.

"고래…… 고래……."

나는 마치 주문을 외우듯이 중얼거리며 주변을 두리번거렸다. 바닷새 뼈에 섞여 바다표범의 뼈도 드문드문 볼 수 있었다. 그리고 불쑥, 고래 뼈가 나타났다. 못 보고 지나치기에는 너무나 거대한 하얀 덩어리였다. 반쯤은 모래에 묻히고 반쯤은 모래 위로 불쑥 튀어나와 있는 고래의 뼈.

입 언저리는 떨어져 나갔지만 폭이 2미터 20센티미터나 되는 거대한 머리뼈였다. 위아래가 뒤집혀 목관절 부분이 드러나 있었다. 움직여 보려고 손바닥으로 탁탁 두드리고 눌러 보기도 하고 밀어 보기도 했지만 꿈쩍도 하지 않았다. 어쩔 수 없어 사진만 찍고 돌아왔다.

그리고 2년 뒤 그 고래 머리뼈가 어떻게 되었을까 궁금했던 나는 다시 그 바다를 찾아갔다. 기억을 더듬으며 바닷가를 걸었지만 분명 거기 있던 거대한 고래 뼈는 보이지 않았다. 실망하면서 그때 묵었던 숙소로 발걸음을 옮겼다.

"안녕하세요? 또 뼈를 주우러 왔습니다."

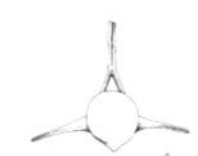

"아, 그때 그 뼈 선생님이시네요."

주인 아주머니는 내가 아주 특이해 보였는지 나를 기억하고 있었다.

"선생님, 정원에 둔 것 보셨어요?"

무슨 일인지 궁금해하며 따라가 보니 정원에 커다란 고래 머리뼈가 놓여 있는 것이 아닌가.

"어른 넷이서 들어 올렸는데도 전혀 움직이지 않았어요. 그래서 크레인을 빌려 끌어 올렸어요."

그 말에 나는 감탄하면서도 어이가 없었다. 보통 크기의 뼈는 용기가 아주 조금만 있으면 주울 수 있지만 이 정도 크기의 뼈라면 혼자 용기를 낸다고 주울 수 있는 것이 아니다. 더구나 크레인까지 동원하여 끌어냈다니, 솔직히 아주머니의 의지에 부러움을 느꼈다.

그로부터 3년 후 겨울, 나는 이키섬으로 가는 비행기에 올랐다. 전

바닷가에 밀려 올라온 고래 머리뼈

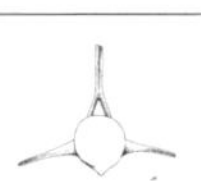

날 밤에 머물렀던 하카타의 호텔에서 지도를 보는데 해협 한가운데 있는 이 섬으로 자꾸 관심이 가는 것이었다. 얼마나 가까운지 비행기가 날아오르는 듯싶더니 바로 착륙 태세를 갖추었다. 이키섬의 작은 공항에 도착하자마자 지도에서 보아 둔 작은 바닷가로 향했다. 언덕 너머로 목적지인 쓰즈키 해변이 보였다.

갑자기 좋지 않은 예감이 들었다. 자그마한 바닷가에 하얗고 예쁘기 짝이 없는 모래밭이 펼쳐져 있었지만, 아무것도 없었다. 날씨는 맑고 바닷가는 예쁘고 기분은 좋았지만 떨어져 있는 것이 없었다. 조그만 바닷가라 15분 정도 걸으니 전부 둘러볼 수 있었다. 일부러 비행기까지 타고 왔는데……. 힘이 쭉 빠졌다. 나는 바닷가 끝 바위에 걸터앉아 어찌할 바를 모르고 있었다. 목적지에 도착해 15분 만에 나가떨어지다니. 지도에서 찾아 둔 다른 바닷가라도 가볼까 하여 무거운 몸을 일으켜 물가보다 약간 높은 해안을 따라 걷기 시작했을 때였다. 아래쪽 바위 근처에 무언가 하얀 물체가 보였다.

"이거, 고래 척추뼈잖아!"

순간 눈에 들어온 고래 뼈에 가슴이 뛰며 나도 모르게 소리를 질렀다. 배낭을 내려놓고 가만히 바라보았다. 크다! 게다가 널빤지 모양의 돌기가 부서지지 않고 제대로 붙어 있는 척추뼈였다. 조금 전까지 축 처져 있던 내 모습은 사라졌다.

흥분했던 마음도 조금씩 가라앉았다. 움푹 들어간 바위 옆에서 뼈를 끄집어냈다. 고래 뼈는 생각보다 쉽게 빠져나왔다. 바위틈에 두는 것이 왠지 걱정스러워 평평한 곳으로 옮겨 자세히 살펴보았다. 크기를 재 보니 돌기 부분을 포함해 높이 80센티미터, 폭 80센티미터였

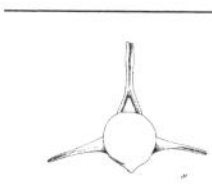

다. 어떤 고래인지는 모르겠지만 매우 큰 고래임은 분명했다. 하지만 매우 중대한 일이 남아 있었다.

"이제 이걸 어떻게 한다?"

찾아서 파낸 것까지는 좋았는데 이렇게 크고 무거운 것을 어떻게 가져가야 할지 도무지 방법이 떠오르지 않았다.

"이렇게 한적한 곳에 와야 대단한 걸 찾아낸다니까."

어쨌든 나는 공항에서 20분 정도 걸어왔다. 공항까지는 어떻게든 옮긴다 해도 비행기는 분명 못 탈 것이고 집까지 가지고 돌아갈 방법이 없었다. 지도를 보니 가장 가까운 마을까지 4킬로미터는 되는 것 같았다. 고래 뼈를 들고 걸어갈 수 있는 거리는 아니었다. 그렇다고 어렵게 찾은 이 대단한 것을 두고 갈 수는 없었다.

'좋아, 일단 여기 두고 마을로 가보자. 그러면 어떻게든 방법이 생

바닷가에 밀려 올라온 고래의 척추뼈

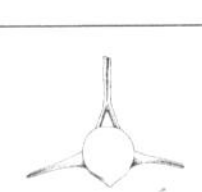

기겠지.'

누가 이런 뼈를 가지고 갈 리는 없겠지만 그래도 혹시나 하는 마음에 가까운 숲 속에 뼈를 숨겨 두고 출발했다. 마을까지 걸어가며 뼈를 운반할 방법을 생각해 보았다. 아마도 마을에는 택배 회사가 있을 것이다. 그렇다면 거기까지는……. 택시다. 큰맘 먹고 택시를 빌려 뼈를 가져와 택배로 보내면 된다.

드디어 마을에 도착했지만 또다시 난관에 부딪혔다. 고래 뼈를 담을 커다란 상자가 필요한데 전파상, 과자 가게, 선물 가게 등 눈에 띄는 곳을 모두 살펴보아도 그런 커다란 상자는 찾을 수가 없었다. 상자가 없으면 택배를 보낼 수 없다. 문득 배가 고프다는 생각이 들었다. 그래서 우선 밥부터 먹기로 하고 가까운 도시락집으로 들어갔다. 그때 가게 안쪽에 도시락 용기를 담아 둔 커다란 상자가 눈에 들어왔다. 나는 용기를 내어 물어보았다.

"아주머니, 저기 저 커다란 상자 주실 수 있나요? 실은 이러저러해서……."

도시락집 아주머니는 어이없어 하면서도 상자 속 물건을 모두 꺼내고 상자를 건네주었다. 정말 다행이었다. 이렇게 해서 첫 번째 문제는 해결이다! 다음으로, 택시 회사까지 상자를 짊어지고 갔다.

"죄송합니다. 어려운 부탁을 드려야 하는데, 바닷가에서 물건을 싣고 다시 여기로 왔으면 하는데요."

이상한 손님이라고 생각했는지 택시 회사 사람은 경계하는 눈빛으로 나를 쳐다보았다. 그래도 어쨌든 택시 한 대를 불러 주었다. 나는 운전기사에게 다시 설명을 했다.

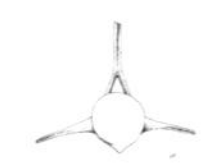

"조금 큰 물건이 있는데 저기 바닷가로 가서 차에 싣고 왔으면 해요. 상자에 넣어서 택배로 보낼 건데요……."

같은 얘기를 여러 번 반복하다 보니 지쳐서 횡설수설했다. 운전기사도 나를 어이없다는 듯이 바라보았다.

"우선 바다로 가 주세요."

바닷가에 도착해 어렵게 뼈를 차까지 옮겨 오자 운전기사가 부스럼이라도 만지는 듯한 얼굴로 물었다.

"그건 뭐예요? 고래 척추뼈라고요? 우아, 처음 봤어요. 손님은 그걸 가져가서 뭐 하시게요?"

"아, 그게요……."

뭐라고 대답해야 할지……. 그저 빨리 가지고 가고 싶은 마음뿐이었다. 그래도 운전기사를 안심시켜야 할 것 같아서 생각나는 대로 대답했다.

"제가 과학 선생님이거든요. 수업시간에 학생들에게 보여 주려고요."

"아, 그래요? 대학교 선생님이세요? 그런 것 같았어요."

차를 타고 가면서 운전기사와 이런저런 대화를 나누다 보니 곧 택시 회사에 도착했다. 차 트렁크에서 나온 뼈를 보고 사람들은 깜짝 놀랐다.

"이건 뭐예요? 나무예요?"

"고래 척추뼈예요."

"우아, 이런 건 처음 봐요."

택시를 기다리고 있던 동네 아주머니들과 아이들 모두 고래 뼈를

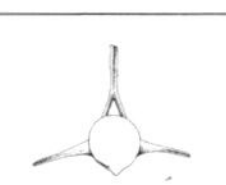

보려고 우르르 몰려들었다.

"이게 고래 척추뼈래요."

"굉장히 큰걸!"

"이게 어디 있었어요?"

"바닷가에 이런 게 올라와요?"

몰려든 사람들이 조금 질린 표정으로 저마다 한마디씩 툭툭 내뱉었다. 그중 한 아주머니가 한 말이 왠지 기분이 좋았다.

"운이 좋네요. 여기 오래 살았지만 이런 것은 본 적이 없어요. 연말에 이런 걸 줍다니, 내년에는 좋은 일이 많을 거예요."

고래 뼈를 주우면 행운이 오는지 어쩐지 그건 잘 모르겠지만 어쨌든 기분은 좋았다. 무사히 뼈를 보내고 주변을 어슬렁거리는데 항구 근처 건어물집 주인아저씨가 내 마음을 쿡 찌르는 말을 했다.

"자네, 얼굴이 곱상한데, 학생인가? 직업은 있어? 크리스마스에 혼자 이런 데 놀러 오니 하는 말이야. 결혼은 했나? 아이는? 용케도 결혼은 했나 보네."

그래도 이때 주운 고래 척추뼈는 과학실에 있는 수많은 뼈들 중에 가장 마음에 든다.

바다동물 줍기

모리구치 미쓰루

"이거 어떤 동물의 머리뼈인 것 같니?"

중학교 1학년 수업 시간에 머리뼈 하나를 학생들에게 보여 주었다.

"호랑이 아닐까요?"

"음, 이빨을 보니 육식동물 같지? 하지만 호랑이는 아니야."

"악어예요?"

"내가 우리나라에서 주운 거야."

"그래요?"

아이들은 좀처럼 맞히지 못했다. 내가 두 손으로 들고 있는 커다란 머리뼈를 보며, 일본에 이렇게 커다란 육식동물이 있었나 하는 표정으로 머리를 갸웃거렸다. 만약 있다면 그것은 분명 괴물일 거라고들 웅성거렸다.

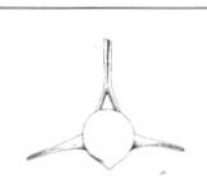

그 머리뼈의 주인은 수컷 바다사자였다. 몸길이가 4미터이고 몸무게가 900킬로그램이나 되니 어찌 보면 괴물이라고도 할 수 있는 바다 동물이다.

나는 이 바다사자의 머리뼈를 홋카이도 레분섬에서 주웠다. 처음부터 바다사자를 주우려고 레분섬에 건너간 것은 아니었다. 지도 위 섬을 따라가다 보니 섬 북단의 앞바다에 있는 '바다사자섬'이라는 이름이 눈에 들어왔다. 그래서 막연히 바다사자가 살지 않을까 기대했다.

바닷가를 따라 바다사자섬 쪽으로 걷는데 이쪽에 하나, 저쪽에 또 하나 거대한 척추뼈와 어깨뼈가 떨어져 있는 게 보였다. 나는 바다사자의 뼈임을 확신했다. 우왕좌왕하고 있는데 길옆 다시마를 말리는 곳 안쪽에 하얀 덩어리가 여러 개 떨어져 있는 게 또 눈에 들어왔다. 멀리서 보기에는 고목처럼 보였는데 가까이 다가가 보니 바다사자의 머리뼈 조각들이 아무렇게나 굴러다니고 있었다. 기뻐서 사진을 찍고 있는데, "이쪽이야. 이쪽에 더 좋은 게 많이 있어."라며 어떤 아저씨가 나를 불렀다.

"나는 1년에 서른 개 정도 줍지. 바다사자 전문가니까."

아저씨는 약간 뻐기는 말투로 말하고 가까이 있는 바다사자의 머리뼈 조각을 두드려 보이며 나에게 내밀었다.

하지만 내가 필요로 하는 것은 온전한 머리뼈였다. 그렇게 많이 줍는다면 하나 정도는 줄 수 있지 않을까 싶어 부탁해 보았다.

"안 돼. 자네 줄 건 없어."

예상과 달리 아저씨는 이렇게 말하며 미간을 찌푸렸다. 그래도 포기하지 않고 간곡하게 부탁했다. 나는 선생님인데 학생들에게 꼭 보

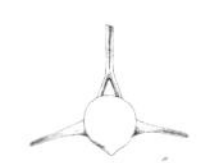

여 주고 싶다고 하면서.

"그러지 말고 하나 주면 어때요?"

언제 나타났는지 아저씨 부인이 한마디 거들어 주었다. 아주머니의 말에 마음이 바뀌었는지 아저씨는 "좋아, 가져가."라며 수컷의 커다란 머리뼈를 가져와 내밀었다. 그러더니 "아니, 이왕 주는 거 이게 더 좋겠네."라며 조금 전의 털털한 모습으로 돌아와 상태가 더 나은 머리뼈를 인심 좋게 건네주었다.

레분섬에는 바다사자뿐 아니라 바다표범의 뼈도 바닷가에 떨어져 있었다. 집으로 돌아올 때 내 배낭은 바다사자의 머리뼈와 바다표범의 머리뼈로 묵직해졌다.

과학실의 바다 생물 골격 표본은 그렇게 내가 주워 온 바다사자와 바다표범의 머리뼈만이 오랫동안 자리를 차지하고 있었는데, 나중에 야스다가 홋카이도에서 주워 온 바다표범의 사체를 미노루가 전신 골격 표본으로 만들어 하나가 더 추가되었다.

이 정도면 기본은 충분히 갖추었다는 생각이 들어 뿌듯했다.

그로부터 한참 뒤 미노루도 졸업을 하고 서서히 여름이 시작될 무렵이었다. 교무실 내 자리의 전화벨이 울렸다.

"선생님! 저 곤이에요. 바다표범을 주웠어요. 보낼게요."

전화는 벨이 울릴 때처럼 당돌하게 끊어졌다. 자세하게 물을 틈도 없었다. 전화를 건 사람은 홋카이도로 수학여행을 간 곤이었다. 과연 며칠 뒤 커다란 스티로폼 상자가 학교에 도착했는데, 겉에 붙은 운송장을 보고 나는 웃음을 터뜨렸다.

품명에 '어패류'라고 쓰여 있었기 때문이다. 차마 '바다표범'이라고

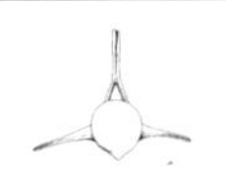

쓸 수는 없었나 보다. 곤은 제법 재치 있는 학생이었다.

그러나 그런 곤도 미처 생각하지 못한 것이 있었다. 동물의 사체를 일반 택배로 보내다니. 상자를 열고 배가 터질 듯이 부풀어 오른 바다표범을 보자 어떻게 처리해야 할지 앞이 캄캄했다. 그래도 어렵게 구한 것이므로 원하는 학생들이 해부하도록 했다.

이 일은 지금까지 해 온 해부와 뼈 바르기 작업 중에서도 가장 많은 관심을 모았다. 이런 일이 있은 뒤부터 학교 선생님들은 겉에 뭐라고 쓰여 있든 내 앞으로 온 우편물은 수상한 물건이라고 생각해 절대 건드리지 않게 되었다는 이야기를 나중에 들었다.

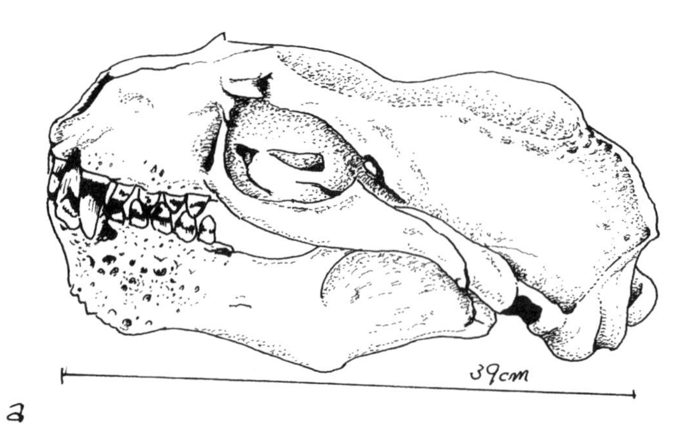

바다사자의 뼈 1

b.

17cm

c.

35cm

a. 수컷의 머리뼈
b. 어깨뼈
c. 척추뼈

M.

바다사자의 뼈 2

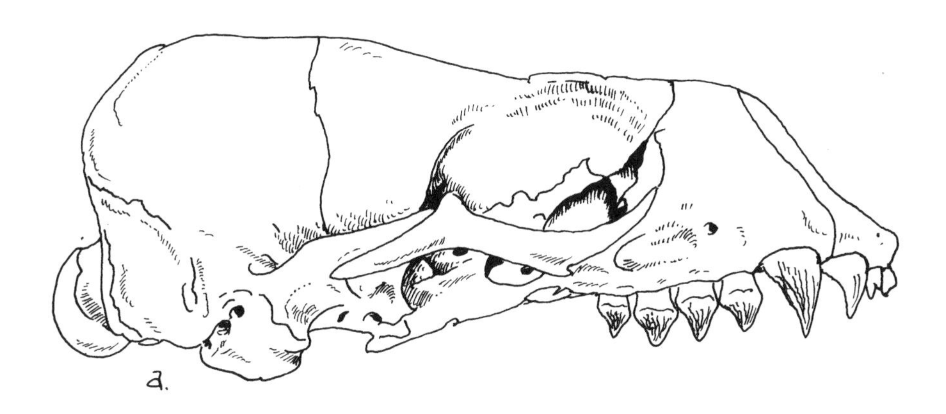

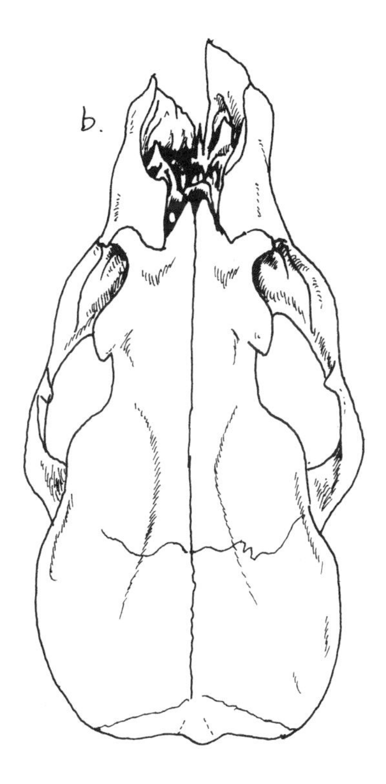

a. 암컷의 머리뼈
바다사자는 암수 머리뼈의
모양이 다르다.

b. 위에서 본 머리뼈

c. 암컷의 뇌 모형
머리뼈에 실리콘을 부어서 굳힌 것으로,
미노루가 제작했다.

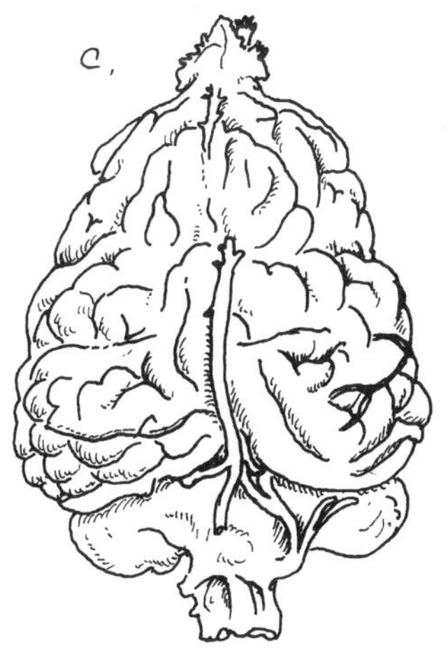

M.

바다동물의 뼈

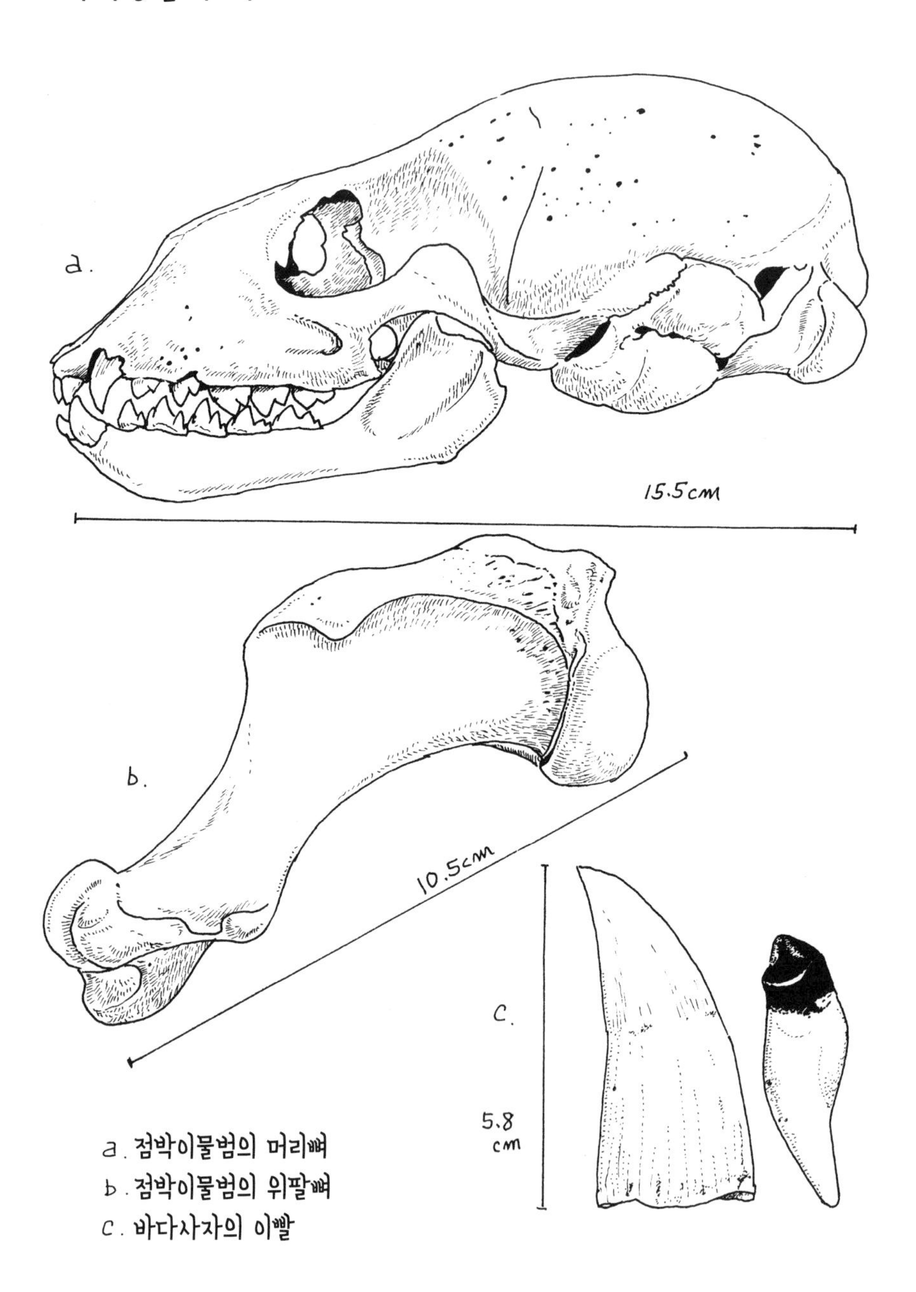

a. 점박이물범의 머리뼈
b. 점박이물범의 위팔뼈
c. 바다사자의 이빨

M.

물고기의 머리뼈

모리구치 미쓰루

"선생님, 이거 필요 없는데 드릴까요?"

호시노 선생님이 사무국의 냉동고에서 비닐봉지를 꺼내며 말했다.

"버리게요? 그럼 저 주세요."

비닐봉지 속에는 얼마 전 호시노 선생님이 낚아 온 잉어가 들어 있었다. 잉어를 교무실로 가지고 가다가 당시 고등학교 3학년이던 미노루를 만났다.

"어떻게 하실 거예요?"

미노루가 물었다. 시간이 없으니 머리만 떼어 내 뼈를 발라낼 거라고 대답하자, 미노루가 말했다.

"아까워요. 저 주세요. 내일 해부해서 전신 골격을 만들래요."

결국 미노루가 잉어를 해부하기로 했다. 미노루는 해동을 위해 잉

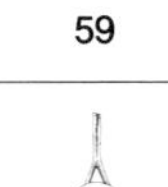

어를 얼마 동안 밖에 놓아두기로 했다. 며칠 뒤 미노루에게 잉어는 어떻게 됐는지 물어보았다.

"글쎄, 그게 없어졌어요. 이상해서 찾아보니까, 꼬리의 반이 물어뜯긴 채 땅에 떨어져 있지 뭐예요. 모처럼 전신 골격을 만들려고 했는데."

밖에 놓아둔 잉어는 고양이의 먹이가 되었다. 그러고 나서 한참 뒤 나는 미노루에게 최신 정보를 하나 알려 주었다. 도쿄 어느 백화점의 생선 코너에서 잉어를 통째로 팔고 있다는 소식이었다. 지금까지는 주워 온 사체를 해부하고 뼈를 발랐지만 물고기는 얼마든지 사서 할 수도 있다. 그렇게 보면 생선 가게는 골격 표본을 만들기 위한 재료를 파는 장소라고 할 수도 있다!

과연 며칠 뒤 미노루는 잉어를 사 왔다.

"살 때 살아 있었니?"

과학실 개수대에 놓여 있는 잉어를 보면서 물어보았다.

"네, 지하철을 타고 오면서 비닐봉지 속에서 펄떡펄떡 날뛰는 잉어한테 미안하다고 사과하면서 들고 왔어요."

"잘했네."

잉어는 손에 넣었지만 문제는 이제부터였다. 나도 미노루도 물고기 골격 표본을 제대로 만들어 본 적이 한 번도 없었던 것이다. 생선을 구워 먹어 본 사람이라면 익히 알고 있겠지만, 물고기 머리는 참으로 많은 뼈로 이루어져 있다. 포유류의 골격 표본을 만들 때처럼 물에 넣어 익혔다가는 머리뼈가 모두 흩어져 다시는 짜 맞출 수 없게 될지도 모른다.

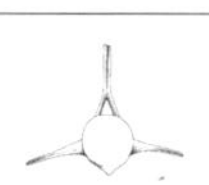

그래서 내가 잘 아는 물고기 연구자에게 전화를 걸어 물어보았다. 그는 물고기 위에 뜨거운 물을 부으면서 뼈를 발라내면 쉽다고 알려주었다. 뜨거운 물을 부은 부분이 살짝 익어 살을 떼어 내기 쉬워지면 식칼로 긁어내는 방법이었다. 이렇게 하면 시간은 걸려도 흐트러뜨리지 않고 뼈를 발라낼 수 있다.

미노루는 조금씩 조금씩 살을 떼어 내어 끝내 잉어의 전신 골격 표본을 만들어 냈다. 이 잉어 골격 표본은 졸업식을 한 달여 앞둔 미노루의 마지막 대표작이 되었다.

미노루가 졸업하고 나서 2년 뒤 또 한 명의 특출난 재능을 가진 뼈 바르기 소년이 등장했다. 이름은 토모키. 한술 더 떠 토모키는 미노루도 어려워했던 물고기 골격 표본 만들기를 전문으로 하는 대단한 아이였다.

토모키가 물고기 골격 표본을 만들기 시작한 데는 여러 가지 이유가 있다. 그중 하나는 토모키 자신이 물고기를 좋아한다는 것이었다. 낚시나 키우는 것을 좋아하는 것이 아니라 먹는 것을 좋아했다. 한번은 도미 머리 골격 표본을 만들기 위해 제철까지 기다리는 집념을 보여 주기도 했다.

강담복, 가다랑어, 다랑어, 붕장어, 도미, 대구, 전갱이, 쥐치 등 토모키가 만든 물고기 머리 골격은 참으로 다양했다. 평소 자주 먹던 물고기도 이렇게 머리뼈만 앙상하게 있는 것을 보면 전혀 다른 동물 같다. 다랑어는 거대하고 전갱이는 섬세한 유리 세공품 같다. 붕장어는 의외로 괴물처럼 생겼다. 물고기 골격 표본은 만들기가 쉽지 않은데 토모키는 어떻게 이렇게 만들 수 있었을까? 토모키에게 물어보았

더니, 이렇게 대답했다.

"매일 저녁 생선을 먹어요."

토모키는 말솜씨도 없고 하나하나 설명하는 성격도 아니다.

토모키는 가족들과 함께 저녁을 먹지 않고 매일 혼자 먹으며 물고기 골격 표본 만들기를 준비했다고 한다. 매일 시장에서 똑같은 생선을 사 먹으면서 반복하여 기초를 다졌던 것이다.

"열 마리 정도 먹으면 그럭저럭 짜 맞출 수 있게 돼요. 그런 다음에 다랑어 머리를 사서 만들어 보면 어느 뼈가 어디에 들어가는지 대략 알아요."

머리뼈가 큼직큼직한 다랑어로 먼저 골격을 완성하는 연습을 한다. 그러면서 물고기 머리뼈의 구조가 자연스럽게 머릿속에 들어오는 것이다. 그러고 나면 붕장어든 쥐치든 그것을 응용하여 모든 물고기의 머리뼈를 짜 맞출 수 있게 된다.

토모키는 미노루가 사용했던 뜨거운 물을 붓는 방법은 쓰지 않았다. 이 방법은 살을 완전히 제거할 수 없기 때문이다. 토모키가 이용한 방법은 익혀서 뼈를 완전히 발라내고 다시 짜 맞추는 방법이었다. 앞에 쓴 것처럼 이 방법으로 골격 표본을 만들려면 기초 지식이 필요하기 때문에 나는 감히 써 보지 못한 방법이다.

"하루는 대구 머리를 익혀 두었더니 아버지가 그걸 젓가락으로 파서 드신 거예요."

이렇게 아버지가 파 먹은 대구 머리뼈로 골격 만들기를 완성했다는 데에 나는 무척 놀랐다. 그런데 이런 경지에 오르자 생선 가게에서 파는 물고기만으로는 재료가 부족해졌다.

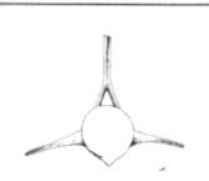

다랑어의 머리뼈

물고기의 머리뼈는 여러 개의 뼈로 이루어져 있다.

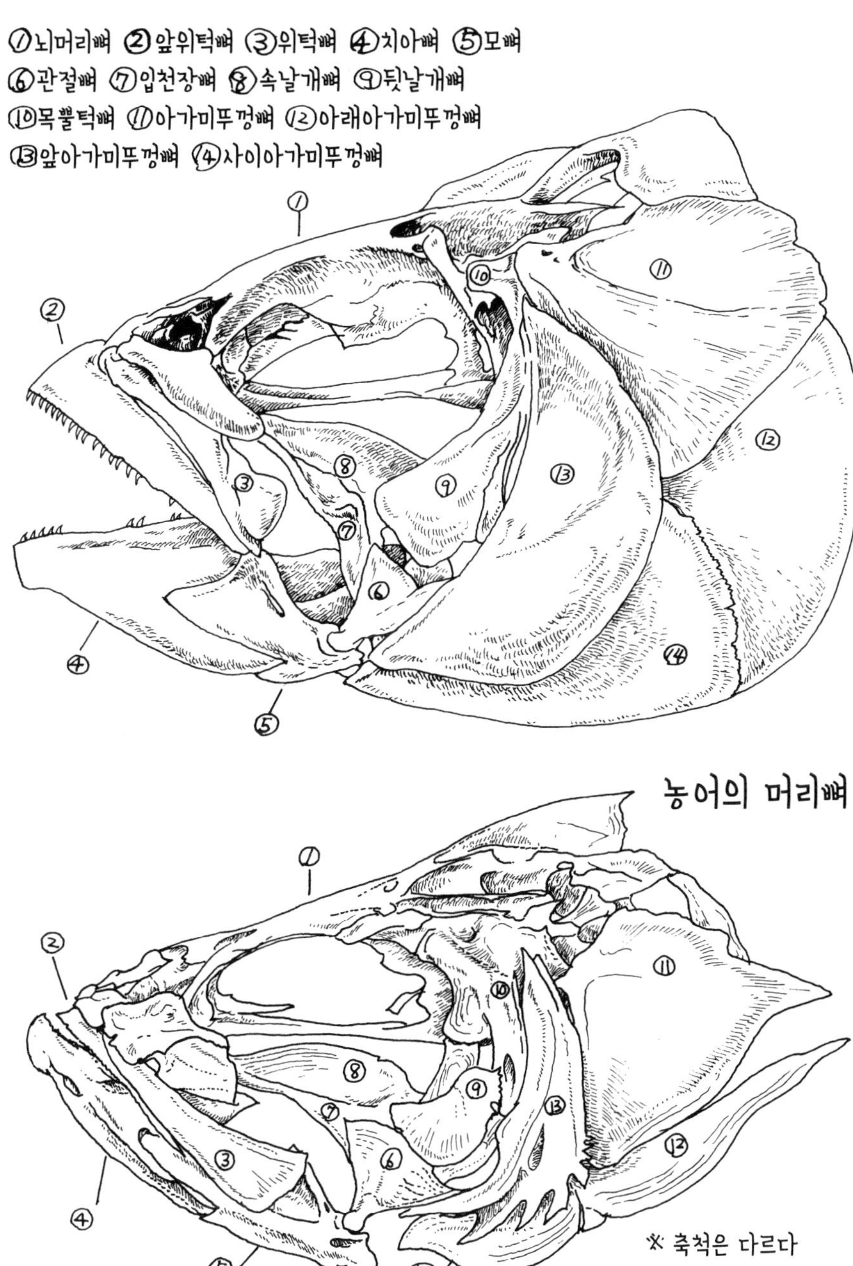

토모키에게 듣고 나도 처음 알게 된 사실인데 오다하라에서는 해마다 물고기 축제가 열린다고 한다. 거기서 그물에는 걸렸지만 먹지 못해 시장에 나오지 못하는 진귀한 물고기들을 팔고 있다는 것이다. 그래서 그 축제가 열리면 박제업자나 물고기 애호가들이 전국에서 모여든다고 했다. 토모키도 이제 그 축제에 빠지지 않게 되었다.

어느 날 골격 표본 만들기에 흥미를 가진 의대생 세 사람이 학교에 놀러 와 토모키의 물고기 골격 표본을 보고 관심을 보이며 물었다.

"굉장하네. 이거 어떻게 만들었니? 도구는 뭘 썼어?"

"나무젓가락, 이쑤시개, 접착제요."

토모키의 너무나 간단한 대답에 모두들 놀라워했다.

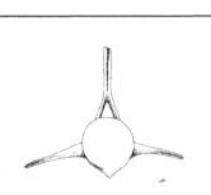

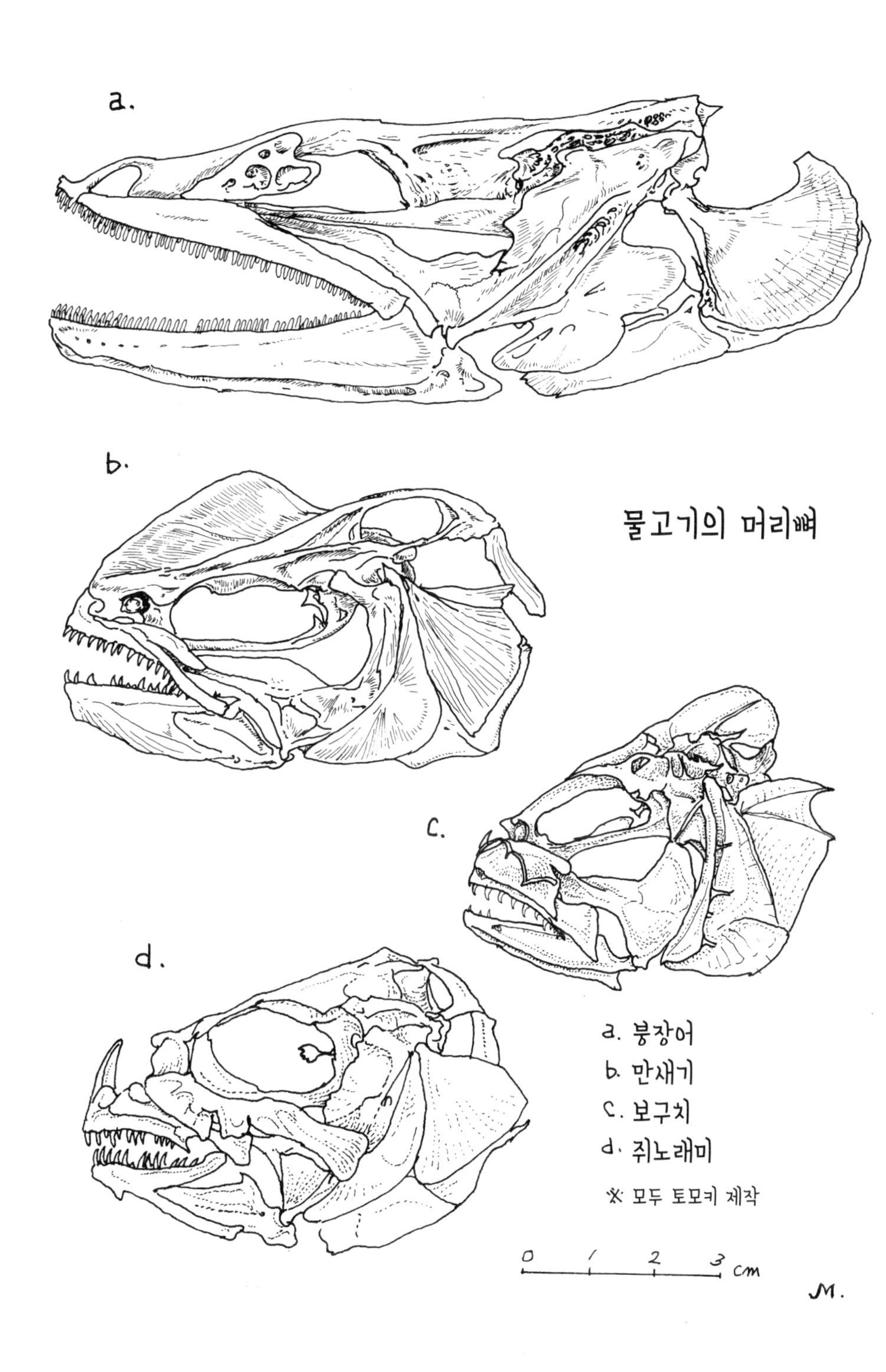
a.
b.
물고기의 머리뼈
c.
d.
a. 붕장어
b. 만새기
c. 보구치
d. 쥐노래미
※ 모두 토모키 제작
0 1 2 3 cm
M.

프라이드치킨의 뼈

모리구치 미쓰루

잉어의 전신 골격을 완성한 미노루가 마지막으로 어떤 동물의 뼈를 골라 표본을 만들지 나는 감히 상상도 못 했다.

그날도 여느 날과 같이 미노루는 과학실에 틀어박혀 있었다. 무엇을 하는지 보았더니 책상 위에서 무언가를 열심히 쓰고 있었다. 살짝 엿보니 특기인 그림도 그려 가며 '프라이드치킨의 뼈'라는 글을 쓰고 있었다. 학급 신문에 실을 것이라고 했다.

그렇다고 해도 '프라이드치킨의 뼈'라니 도대체 어떤 내용일까? 그 의문에 대한 미노루의 대답은 이러했다.

"프라이드치킨 몇 조각이 닭 한 마리가 되는지 궁금해서요."

미노루는 프라이드치킨을 스무 조각 정도 사 왔다. 당연히 혼자서는 다 먹을 수 없어 친구들을 불러 고기를 발라 먹으라고 하고 남은

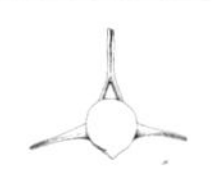

뼈를 모아 만지작거리고 있었다.

– 연골의 발달 정도로 보아 어린 새다.

– 날개뼈가 비틀어진 상태에서 튀겨졌다.

– 엉덩이 부분은 두 개로 나뉘어 있다. 좌우로 나눈 방법은 이렇고 저렇다.

– 정강이를 좌우로 나눈 방법은 이렇고 저렇다.

– 닭 한 마리가 아홉 조각으로 나뉘었다.

미노루는 이런 식으로 조사 결과를 기록해 학급 신문에 실었다. 결국 프라이드치킨 아홉 조각으로 머리와 발을 제외한 닭 한 마리가 된다는 것을 알아냈다. 미노루의 이 엉뚱한 뼈 바르기는 전적으로 미노루의 생각은 아니고 어떤 책에서 힌트를 얻은 것 같았다.

나는 미노루에게서 프라이드치킨으로도 골격 표본을 만들 수 있다는 것을 배웠다. 훗날 미노루의 한참 후배인 나오코와 유코가 그 이야기를 듣고 똑같이 프라이드치킨을 사 와서 도전해 본 적이 있다. 이때 딱 아홉 조각을 사 왔는데, 같은 부분이 두 조각 있었고 나머지는 각각 한 조각씩이었다. 부족한 하나는 가슴뼈 부분이었다. 그러니 넉넉하게 열 조각 정도를 사면 언제든 닭 골격 표본을 만들 수 있다.

내가 미노루를 보면서 감탄했던 것은 이런 마음가짐이라면 어디서든 뼈를 찾을 수 있겠다는 것이었다. '가까운 자연으로 눈을 돌리자.'라고 나도 계속 다짐했던 만큼 새로운 세계가 눈에 들어왔다. 고래의 뼈를 줍는 것과 프라이드치킨을 먹고 그 뼈를 모으는 것은 전혀 다른

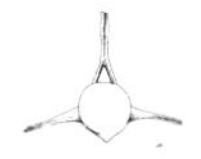

프라이드치킨의 뼈

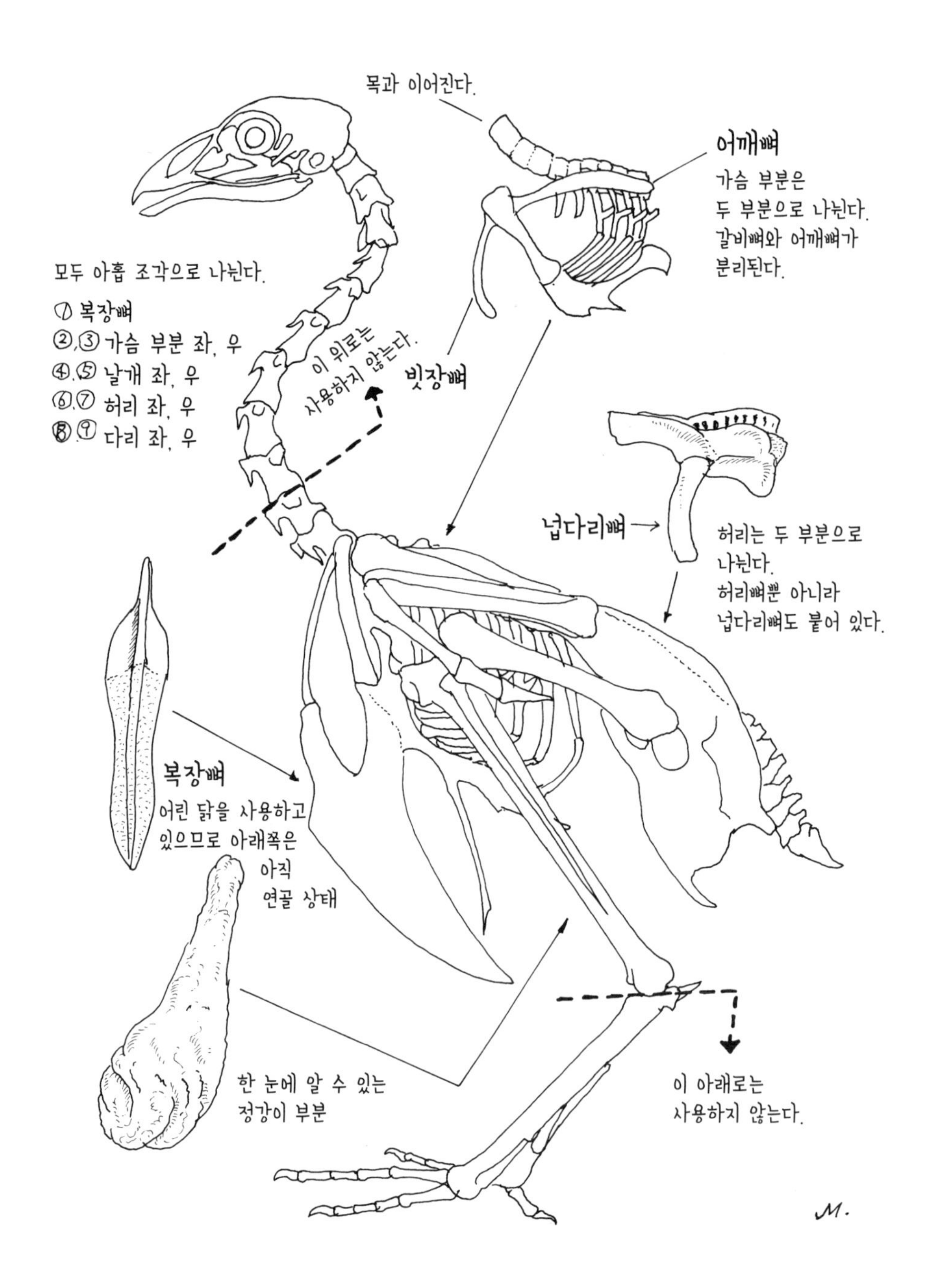

목과 이어진다.
어깨뼈
가슴 부분은
두 부분으로 나뉜다.
갈비뼈와 어깨뼈가
분리된다.
모두 아홉 조각으로 나뉜다.
① 복장뼈
②,③ 가슴 부분 좌, 우
④,⑤ 날개 좌, 우
⑥,⑦ 허리 좌, 우
⑧,⑨ 다리 좌, 우
이 위로는
사용하지 않는다.
빗장뼈
넙다리뼈
허리는 두 부분으로
나뉜다.
허리뼈뿐 아니라
넙다리뼈도 붙어 있다.
복장뼈
어린 닭을 사용하고
있으므로 아래쪽은
아직
연골 상태
한 눈에 알 수 있는
정강이 부분
이 아래로는
사용하지 않는다.
M.

새의 골격

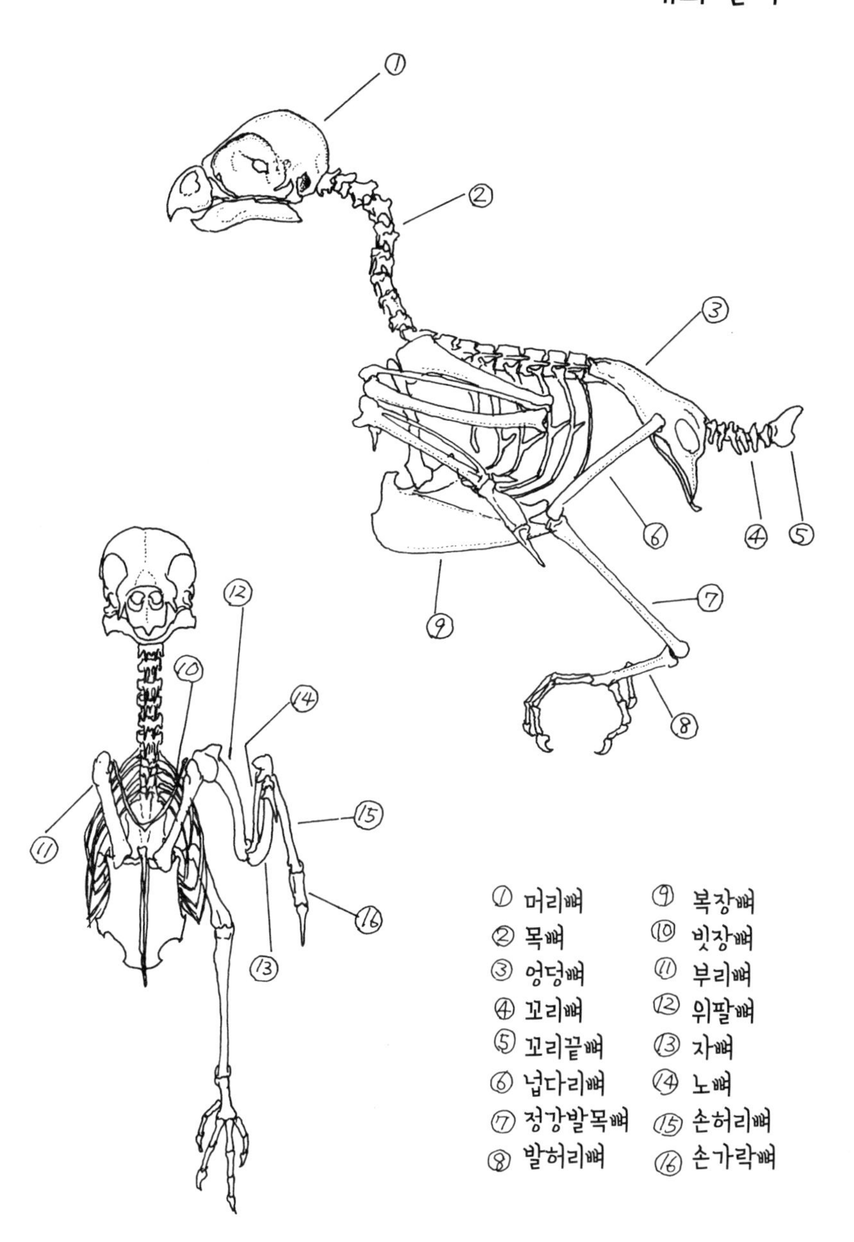

① 머리뼈
② 목뼈
③ 엉덩뼈
④ 꼬리뼈
⑤ 꼬리끝뼈
⑥ 넙다리뼈
⑦ 정강발목뼈
⑧ 발허리뼈
⑨ 복장뼈
⑩ 빗장뼈
⑪ 부리뼈
⑫ 위팔뼈
⑬ 자뼈
⑭ 노뼈
⑮ 손허리뼈
⑯ 손가락뼈

M.

차원의 일처럼 보이지만 실은 똑같은 것이다. 이렇게 미노루는 마지막까지 나를 놀라게 하고 졸업을 했다.

미노루의 후일담을 조금 소개하겠다. 졸업하고 고향으로 돌아간 미노루는 한참을 진로 문제로 고민하다가 굳게 마음을 먹고 독일로 날아갔다. 독일에는 의학, 생물학, 지구과학 표본 제작 기술을 가르치는 전문학교가 있기 때문이었다. 미노루는 독일어를 배우고 아마도 일본인으로는 처음으로 그 학교에 입학했다.

미노루는 독일 학교에서 1년 동안의 수업을 마치고 여름방학 때 갑자기 학교에 찾아와 말했다.

"올해는 물고기 박제 만들기 실습을 했어요. 하지만 독일에서는 생선을 별로 안 팔아서 재료 구하기가 어려워요."

미노루는 옛날처럼 과학실에 틀어박혀 열심히 물고기 박제와 너구리 뼈 모형을 만들고는 다시 독일로 떠났다. 그리고 2학년을 마치고 또 홀연히 나타났다.

"올해는 새와 파충류가 교재였어요."

그러더니 과학실 냉동고에 잠들어 있던 직박구리와 이구아나로 박제를 만들고는 다시 바람처럼 떠나갔다. 미노루는 지금은 그 학교를 졸업했다. 아무쪼록 미노루 같은 인재를 살리는 시설이 세계 어딘가에 있기를 바란다.

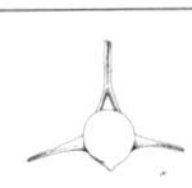

하나의 뼈

모리구치 미쓰루

"이거 아빠가 홋카이도 여행 가서 주워 온 뼈인데요, 무슨 뼈예요?"

어느 날 미라이가 처음 보는 뼈를 하나 들고 와서는 다짜고짜 이렇게 물었다. 그리고 이어서 물었다.

"이거 혹시 사람 뼈 아니에요?"

"이건 곰일걸."

내가 대답하자, 옆에서 지켜보던 야스다가 덧붙였다.

"그건 정강뼈야."

뼈를 말할 때는 두 가지로 표현할 수 있다. '어떤 동물의 뼈인가'와 '어느 부분의 뼈인가'이다. 이상하게도 이 질문을 받으면 나와 야스다가 마치 역할 분담을 한 듯 각자가 알고 있는 부분을 이야기한다. 그리고 나는 뼈를 줍는 것 자체에 더 열중하는 데 반해 야스다는 뼈 골

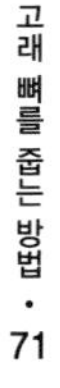

격을 짜 맞추는 일(우리는 '뼈 잇기'라고도 부른다)에 집념을 불태운다.

아무튼 나와 야스다의 지식이 모여 미라이가 들고 온 뼈는 큰곰의 정강뼈라는 감정 결과가 나왔다. 뼈 하나를 보고 어떤 동물의 뼈인지 대답하는 것은 그렇게 간단하지 않다.

어느 날 내 앞으로 편지 한 통이 도착했다. 보낸 사람은 대학원에서 고고학을 연구하고 있다는 에다라는 사람이었다. 편지의 내용은 이러했다.

"자유숲 중고등학교에 있는 레이산알바트로스의 뼈를 보고 싶습니다."

미리 말해 두자면 나는 뼈 줍기, 골격 표본 만들기에 대해 《우리가 사체를 줍는 이유》라는 책을 통해서도 소개한 일이 있는데, 거기서 바닷가에서 주운 레이산알바트로스의 골격 표본 얘기를 언급했다. 그것을 만든 사람은 역시 미노루다.

에다 씨는 그것을 읽고 편지를 보낸 것이 틀림없었다. 그건 그렇다 치고 고고학과 레이산알바트로스의 뼈는 무슨 관계가 있는 것일까? 에다 씨를 만나 이야기를 나누다 보니 그 역시 꽤나 별난 사람이었다.

"나는 어렸을 때부터 공룡을 좋아했어요. 그래서 커서는 공룡 뼈를 연구하고 싶었지요. 어느 날 즐겨 읽던 어린이 공룡 책에서 '공룡을 연구하는 사람을 고고학자라고 한다.'라는 문구를 보게 되었어요. 그래서 고고학과에 입학했고 교수님께 공룡을 연구하고 싶다고 말했지요. 그런데 교수님은 '고고학은 인간이 출현한 이후의 시대를 연구하는 학문'이라고 말씀하시더군요. 그 일이 저의 첫 번째 좌절이었

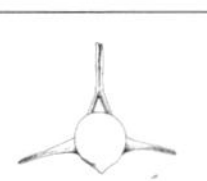

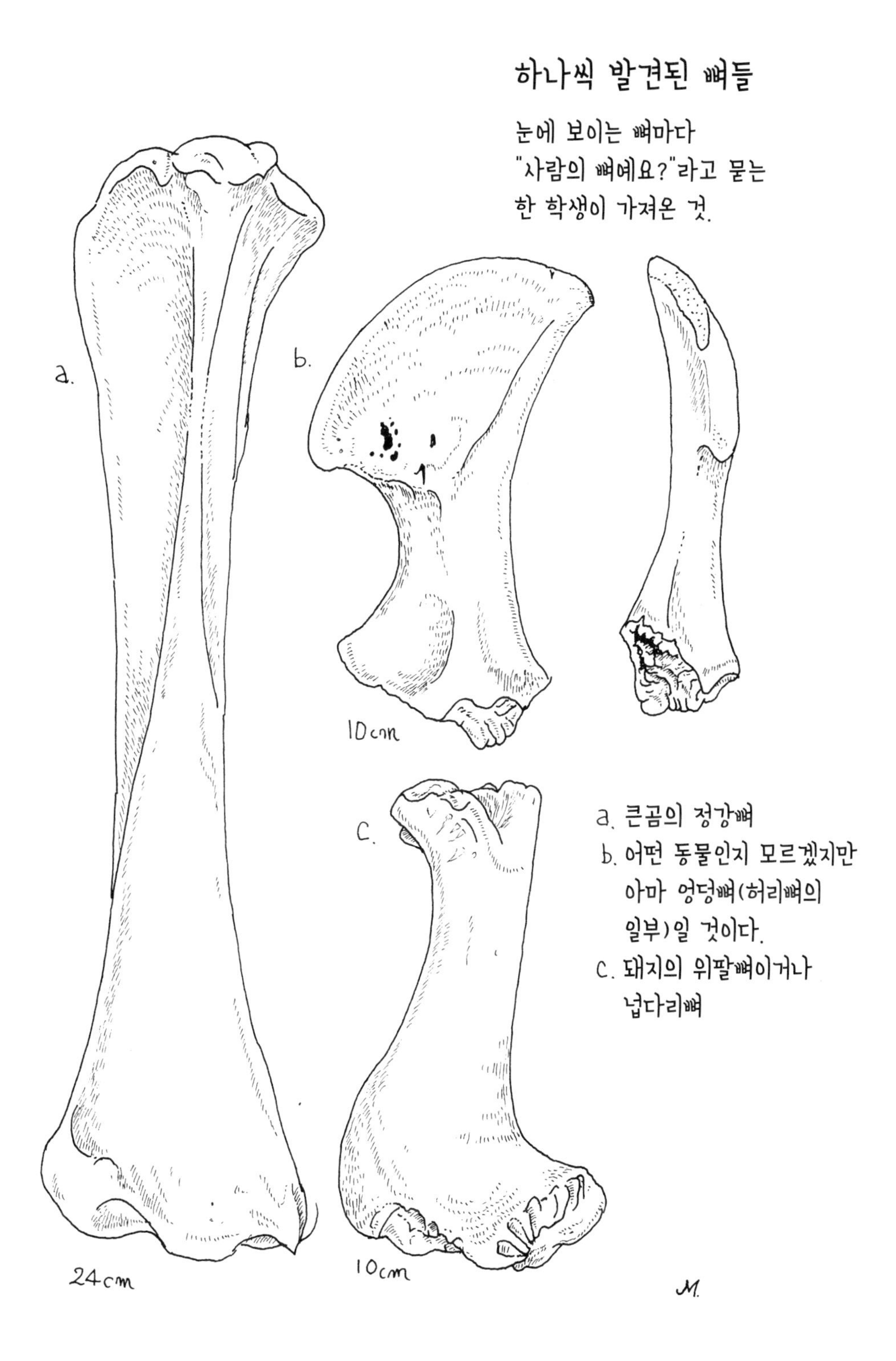

하나씩 발견된 뼈들
눈에 보이는 뼈마다
"사람의 뼈예요?"라고 묻는
한 학생이 가져온 것.
a.
b.
10cm
c.
a. 큰곰의 정강뼈
b. 어떤 동물인지 모르겠지만
아마 엉덩뼈(허리뼈의
일부)일 것이다.
c. 돼지의 위팔뼈이거나
넙다리뼈
24cm
10cm
M.

어요."

에다 씨가 고고학에 대해 그렇게 착각하고 있었다니 절로 웃음이 나왔다(그날 몹시 흥분하여 집으로 돌아가 다시 그 책을 보았더니 그런 말을 어디서도 찾을 수 없었다고 해서 더 웃음이 나왔다). 그리고 처음으로 나간 발굴 현장에서 알바트로스의 뼈로 보이는 새의 뼈가 출토되었다고 한다. 그때부터 에다 씨는 유적에서 출토된 동물의 뼈를 연구하게 되었다고 했다.

여기서 알바트로스의 뼈로 '보이는'이라고 쓴 부분이 중요하다. 일본 앞바다에는 알바트로스 말고도 레이산알바트로스와 검은다리알바트로스가 있다.

"유적에서 발굴된 새의 뼈를 정확하게 감정할 수 있는 사람이 별로 없어요."

에다 씨가 말했다. 언젠가는 알바트로스의 뼈라고 보고된 것이 사실은 닭 뼈였던 일도 있었다. 새는 포유류와 비교하여 훨씬 종류가 많아 그만큼 더 어려움이 따른다. 그리고 에다 씨의 이야기를 들어보니 다른 문제도 있었다.

알바트로스는 유명하여 박제는 많이 남아 있지만 골격 표본이 거의 없다는 것이다. 아무래도 새는 멋진 깃털에 눈이 가고 골격은 그다지 중요하게 다루지 않게 되는 모양이다. 그래서 에다 씨는 우리 학교의 레이산알바트로스 전신 골격을 일부러 관찰하러 온 것이다(물론 다른 많은 연구 시설에서도 협조해 주어 다른 많은 알바트로스 골격도 관찰할 수 있었다고 한다).

그렇다면 유적에서 나온 그 뼈의 정체는 무엇이었을까? 알바트로

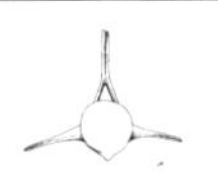

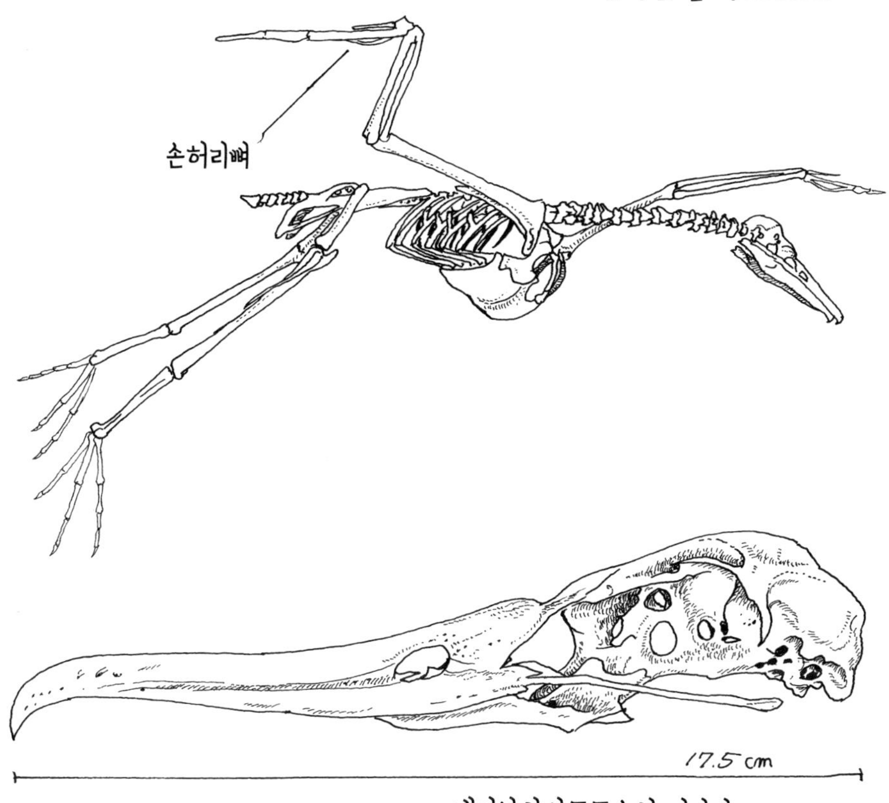

레이산알바트로스의 머리뼈

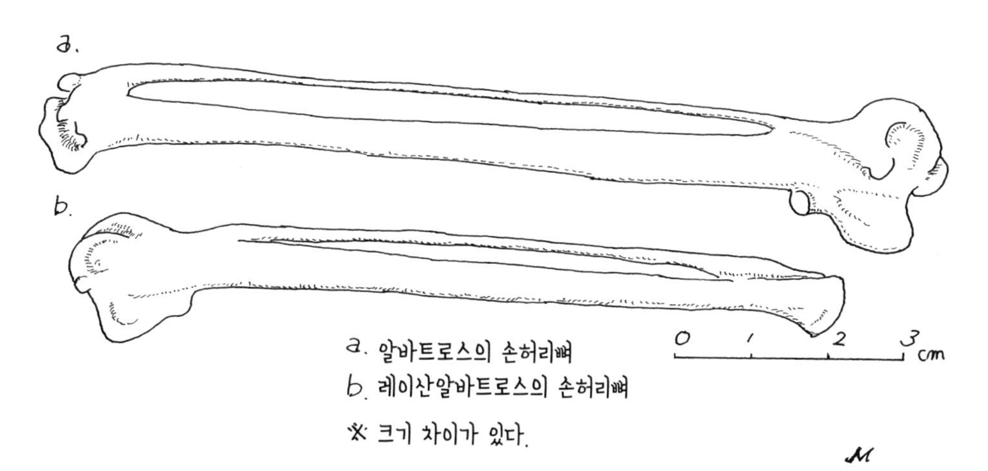

a. 알바트로스의 손허리뼈
b. 레이산알바트로스의 손허리뼈

※ 크기 차이가 있다.

스, 레이산알바트로스, 검은다리알바트로스는 모두 비슷하게 생겼고 골격도 비슷하지만 크기가 조금씩 다르다. 이 크기의 차이를 정확하게 알면 뼈가 하나만 있어도 그 뼈의 주인이 누군지 알 수 있다.

"오히려 조사하면 할수록 모르겠어요."

훗날 에다 씨를 다시 만났을 때 그는 의외의 말을 했다. 뼈의 크기로 볼 때 유적에서 나온 뼈는 여러 종류의 알바트로스가 섞여 있는 것이었다고 한다. 그러나 같은 종에도 개체변이가 있을 수 있고 같은 종이라도 시대에 따라 몸의 크기가 변화할 수도 있으니 뭐라 단정 지을 수 없다는 것이다.

"이 뼈가 어느 동물의 뼈인지는 간단하게 말할 수 없어요. 오히려 뼈가 하나뿐이었다면 이렇게 고민하지는 않았을 거예요."

에다 씨는 그렇게 말하며 웃었다. 지금까지는 골격 표본을 종마다 하나씩 가지고 있으면 된다고 생각했는데 그렇지도 않았다.

"헷갈리는 뼈들을 모아 놓은 뼈 박물관이 있으면 좋을 텐데……."

에다 씨와는 그렇게 대화가 끝났다. 하지만 에다 씨가 일부러 우리 학교까지 레이산알바트로스의 뼈를 보러 왔다는 것은 우리 과학실도 작은 뼈 박물관이라고 해도 좋을 만큼 성장했다는 의미가 아닐까? 그런 생각이 들자 나는 15년의 세월이 흐른 과학실을 한 바퀴 둘러보게 되었다.

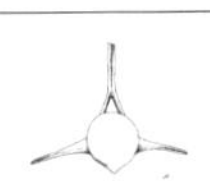

해골의 방 연표

	주요 등장인물 활동 연대	주요 사건
1985년		자유숲 중고등학교 개교 모리구치, 돼지와 토끼를 익혀 뼈를 발라내다.
1986년		
1987년		
1988년		처음 너구리 뼈를 줍다. 모리구치, 바다사자의 머리뼈를 줍다. 첫 너구리 해부
1989년	히라마쓰	
1990년	히라마쓰	
1991년	히라마쓰	히라마쓰, 반시뱀을 키우다.
1992년	미노루, 이가라시	너구리의 머리뼈를 태우다. 첫 흰코사향고양이 들어오다. 첫 너구리 전신 골격 표본 학생 해부단 결성
1993년	미노루, 이가라시	미노루, 홋카이도에서 고래를 줍다. 거북이 해부
1994년	미노루, 마키코, 토모키	미노루, 고토에서 들쇠고래 줍다. 미노루, 프라이드치킨의 뼈바르기로 골격 표본 만들다.
1995년	뼈 바르기 삼인방, 미노루, 토모키	바다표범 해부. 미노루, 칭의 머리뼈를 줍다. 토모키, 가시복의 이빨을 가져오다. 야스다, 고래 척추뼈를 줍다.
1996년	뼈 바르기 삼인방, 토모키	야스다, 돼지발 표본을 만들다.
1997년	뼈 바르기 삼인방	야스다, 토끼의 전신 골격 표본 만들다. 우타, 수학여행에 폴리덴트를 가져오다.
1998년		쇠부리슴새 떼죽음을 보다.
1999년	나오코, 유코, 아유코	흰코사향고양이의 박제를 만들다. 토모키, 향유고래의 이빨을 채집
2000년	나오코, 유코	폴리덴트법 개발 학교 뒤 잡목림에 날다람쥐 살다.

2

토끼 뼈에 담긴 비밀

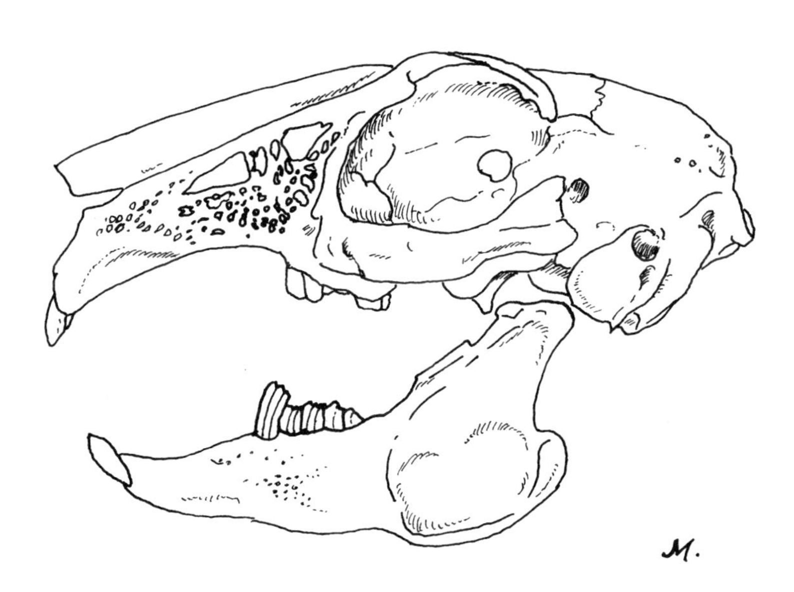

굴토끼(집토끼)의 머리뼈

수수께끼의 사체

모리구치 미쓰루

어느 날 내 앞으로 작은 나무 상자가 배달되었다. 졸업을 하고 고향으로 돌아간 미노루가 보낸 것이었다. 상자 속에서 머리뼈 하나가 나왔다.

“이거 어떤 동물의 뼈일 것 같아?”

“글쎄요.”

“원숭이일까요?”

“날다람쥐 같은데요.”

미노루가 보낸 머리뼈를 기회가 될 때마다 사람들에게 보여 주면 대부분 고개를 갸웃거리면서 이렇게 대답했다. 그리고 머리뼈의 정체를 밝히면 모두들 하나같이 “뭐라고요?” 하며 전혀 뜻밖이라는 표정을 지었다. 뼈를 보기만 하고 어떤 동물인지 바로 알 수 있는 사람

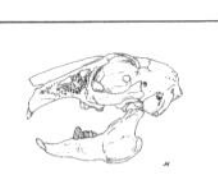

은 많지 않다. 그래도 머리뼈라면 수수께끼를 풀기 쉬운 편이다.

이빨의 모양으로 육식동물인지 초식동물인지 대략 짐작할 수 있고 머리뼈 윤곽으로 머리가 둥그스름한 동물인지 가늘고 긴 동물인지도 알 수 있기 때문이다. 여러 조건을 모두 고려해 보면 대략 어떤 동물의 머리인지 짐작할 수 있게 된다.

미노루가 보내 준 머리뼈는 전체적으로 둥그스름했다. 앞에서 '원숭이예요?'라는 대답이 나온 것은 그 때문이다. 뼈가 옆으로 벌어져 있고 코끝은 짧고 아래턱이 위턱보다 더 튀어나와 있다.

이빨의 형태를 보면 송곳니가 있으며 어금니는 평평하지 않은 절단치아이다. 그렇다면 육식동물이라는 얘기다. 미노루는 설명을 적은 종이를 꼬깃꼬깃 접어 상자 속에 함께 넣어 보냈다. 그 내용의 일부분을 소개하겠다.

"호숫가에 불꽃놀이를 보러 갔는데 거기서 동물의 썩은 사체를 발견했어요. 손목과 발목은 이미 썩어 문드러져 있어서 머리만 가지고 돌아왔어요. 아직도 썩은 냄새가 나는 것 같아요. 어린 새끼의 골격은 아닌 것 같아요. 이빨이 꽤 닳아 있거든요. 또 끓여도 이빨이 빠지지 않는 점, 머리뼈에 주름이 있는 점, 이 세 가지로 보아 성체인 것 같아요. 머리뼈의 주름은 너구리도 있었는데 대부분 성숙한 개체에 많았던 것으로 기억하거든요."

미노루는 일본 내륙 지방에서 이 뼈를 주웠고, 다 성장한 동물의 골격이라고 결론 내렸다(새끼의 머리뼈는 더 둥그스름하다). 독자 여러분은 어떤 동물의 머리뼈인지 감이 오는가?

이 머리뼈는 미노루가 편지에도 써 두었지만 아마도 개 종류 중 하

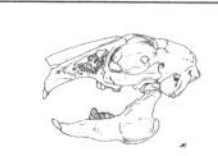

나인 칭일 것이다. 개는 대개 코끝이 길지만 칭처럼 단두종도 있다. 뼈만 보아서는 잘 알 수가 없어 희귀한 동물의 뼈처럼 느껴질 수 있다.

개는 약 3만 년 전에 늑대를 가축으로 길들인 것이다. 개와 늑대는 같은 조상을 가져서 머리뼈도 굉장히 비슷하다. 둘 다 코끝이 길어 사냥감을 냄새로 추적하기에 적합하다.

그러나 사람이 개의 품종을 다양하게 개량하면서 개의 특징인 '기다란 코'가 사라지기 시작했다. 사람들이 둥근 얼굴이 더 귀엽다고 생각했기 때문이다. 그러다 보니 코끝이 길지 않은 기형의 개가 일반 품종으로 자리를 잡았다.

코끝이 짧아지다 보니 턱도 덩달아 작아졌다. 칭이 아래턱이 위턱보다 더 튀어나온 이유는 코끝이 짧아지는 것을 아래턱이 미처 따라가지 못했기 때문이다.

"세어 보니 보통 개보다 이빨의 개수가 부족했어요. 아직 강아지가 아닐까 생각해 봤지만 앞에서 말했듯이 강아지는 아닌 것 같아요."

미노루의 설명이 이어졌다. 예를 들어 내가 가지고 있는 보통 개의 표본을 보면 위턱에 이빨이 스무 개가 나 있다. 한편 칭의 위턱에는 이빨이 열여덟 개밖에 없다. 턱이 작아지면서 이빨의 수도 같이 줄어든 것이다. 미노루는 또 이렇게 덧붙였다.

"흥미로운 것은 치석이에요. 애완용이었던 이 개는 사료와 통조림을 많이 먹었는지 치석이 잔뜩 붙어 있어요. 너구리도 먹다 남긴 밥을 먹거나 갖가지 음식을 먹지만 치석은 잘 볼 수 없었거든요. 또 치석은 이빨과 잇몸 사이에 생기는 것인데 그렇게 생각하면 이 동물은 송곳니가 너무 짧아요. 아무리 생각해도 이상해요."

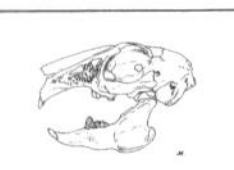

칭의 머리뼈

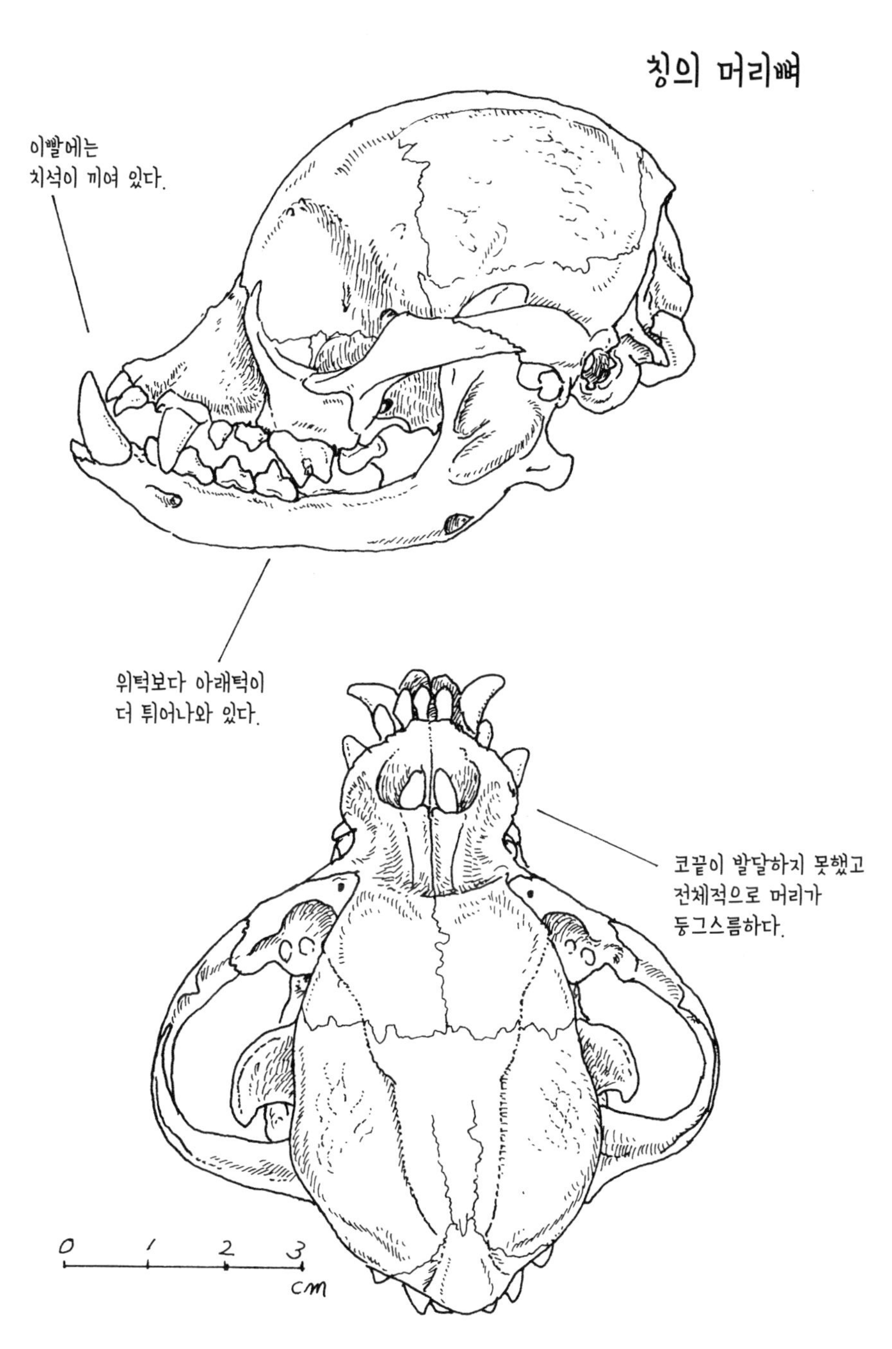

호수 위에 떠 있는 수수께끼의 사체를
미노루가 가져왔다.

M.

미노루가 말하는 것처럼 치석이 잔뜩 끼여 있었다. 이것은 무엇을 먹는가에 따라서도 영향을 받지만 턱이 짧아져 이빨의 맞물림 상태가 나빠졌기 때문이기도 하다. 아래턱이 위턱보다 튀어나와 있기도 하지만, 아래턱의 앞니를 비롯한 이빨들을 보면 턱에 이빨이 쑤셔 넣어진 모양새다.

이런 맞물림으로는 부드러운 음식밖에 먹지 못해 치석이 생길 수밖에 없다. 이 머리뼈를 보고 생각한 것은 세상에 떠돌이 개는 있어도 떠돌이 칭은 살아갈 수 없다는 것이다. 그리고 개는 사람이 만들어 낸 생물이라는 점이 절실하게 와닿았다.

"만일 수업의 교재가 된다면 이 개도 성불할 거예요."

미노루가 편지에 쓴 대로 그 후 이 머리뼈는 수업 시간에 개의 품종개량에 대해 가르칠 때 없어서는 안 될 중요한 교재가 되었다.

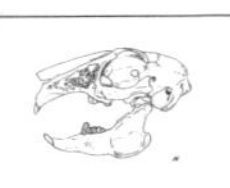

개의 머리뼈 두 가지

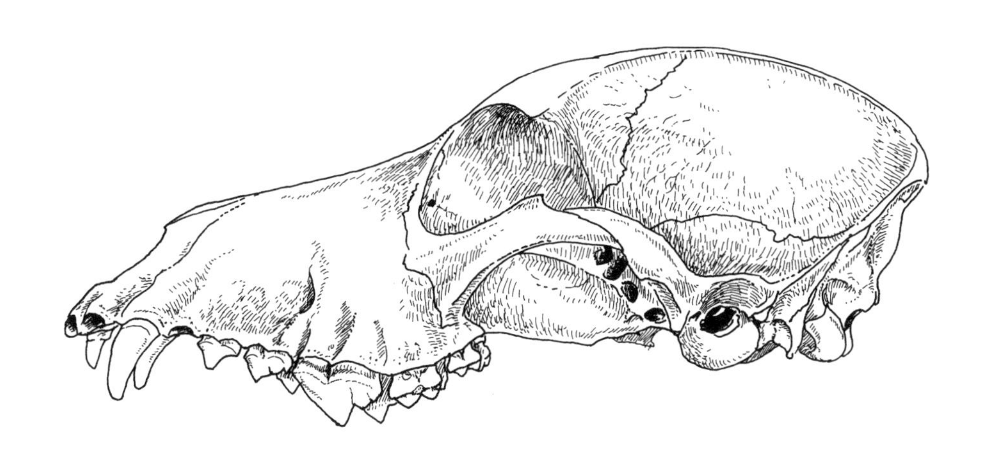

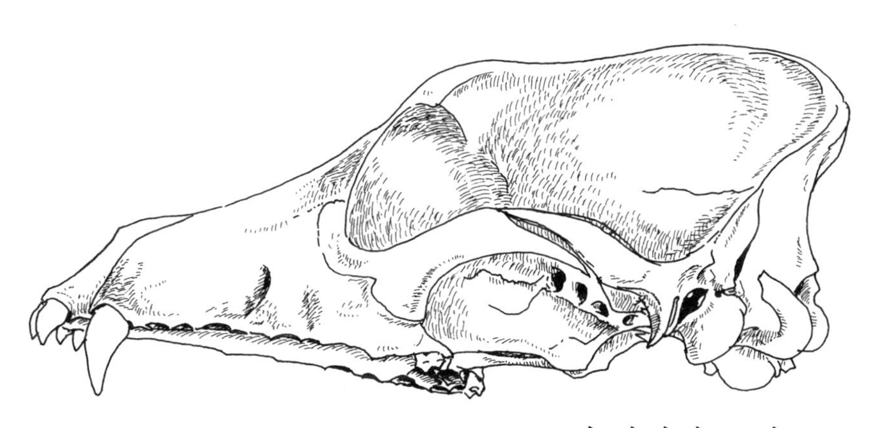

백골이 된 것을 주워
이빨이 일부 빠져 있다.

0 1 2 3 4 cm

M.

날다람쥐의 여섯 번째 손가락

모리구치 미쓰루

"선생님, 선생님! 저 날다람쥐랑 사진 찍었어요."

마리코와 미유키가 흥분해서 나에게 달려왔다. 식당 뒤 잡목림에 사는 날다람쥐를 만났다고 했다.

"그런데 멍하게 있고 움직이지를 않아요. 움직이지 않아서 '정지'라고 이름을 지었어요."

이 이야기는 일주일 전 고등학교 3학년 수업에서 시작된다. 이날은 식생 조사를 하기 위해 아이들과 함께 학교 부지 안에 있는 작은 잡목림으로 나갔다. 그곳에는 학생들이 2년 전에 만들어 놓은 크고 작은 새 둥지상자가 그대로 걸려 있었다. 조사하면서 둥지상자 하나를 무심코 올려다보았더니 그 안에 갈색 털 뭉치가 보였다.

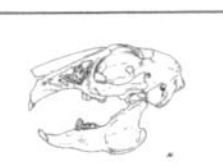

"어? 뭐야, 저건? 날다람쥐잖아! 얘들아, 날다람쥐가 있어."

"네? 날다람쥐요? 어디요? 어디?"

아이들은 일제히 하던 일을 멈추고 둥지상자 주위로 모여들었다. 한낮의 날다람쥐 관찰이라니. 학교 부지 안에 숲이 있으니 이런 좋은 점도 있구나 싶었다.

"날다람쥐는 처음 봤어요. 어휴, 움직이지를 않네."

날다람쥐는 꿈쩍도 하지 않고 눈만 반쯤 뜨고 있었다. 이런 대낮에 사람들의 눈에 잘 띄는 곳에서 멍하게 앉아 있는 날다람쥐를 보니 조금은 걱정이 되었다.

"날아 봐! 날다람쥐야, 날아!"

날다람쥐는 아이들이 시끄럽게 외치는 소리를 들은 건지 못 들은 건지 그대로 멍하게 앉아 있었다.

날다람쥐는 날 수 있는 다람쥐다. 난다고 해도 박쥐처럼 날갯짓을 하는 것이 아니라 정확하게 말하면 활공을 한다. 나무를 타고 올라가 가지 끝에서 글라이더처럼 활공하다 나무에 내려앉고, 나무줄기를 올라타고 가지 끝에서 다시 활공하고, 이런 식으로 반복하여 이동한다. 활공하는 모습을 보면 꼭 방석 같다. 작은 방석 크기의 사각형인데 두께는 방석보다 얇다.

목과 앞다리, 앞다리와 뒷다리, 뒷다리와 꼬리 사이에 배와 등의 피부가 만난 피막이 붙어 있어 활공할 때 이것을 최대한 넓게 펼친다. 가장자리에 붙어 있는 근육을 조절하여 펼치거나 접을 수 있고 커다란 꼬리를 이용하여 하늘을 날면서 방향을 바꿀 수도 있다. 그런데 날기 위해서는 몸을 최대한 가볍게 하고 날개가 되는 피막의 면적

을 최대한 넓혀야 유리할 것이다. 그 피막을 최대한 넓게 만들기 위해 고심한 흔적을 날다람쥐의 앞다리 골격에서 찾아볼 수 있다.

날다람쥐는 새끼손가락 바깥쪽에 가늘고 긴 연골이 튀어나와 있다. 날다람쥐의 미라(강가에 있는 폐가 마루에서 발견했다)를 주워 관찰해 보았는데, 그 길이가 7센티미터 정도였다. 평소 이 연골은 손가락 바로 옆에 구부러져 있어 눈에 띄지 않지만 하늘을 날 때는 이것이 바깥쪽으로 튀어나와 마치 우산살이 펼쳐지듯 피막의 면적이 커진다. 따라서 피막이 접힌 상태에서 단순히 네 다리를 뻗으면 '띠 모양'이 되지만, 앞발 바깥쪽에 붙은 연골이 펴지면 '사각형의 작은 방석'이 된다.

나는 언젠가 날다람쥐가 강한 바람에 그만 땅 위로 떨어지는 장면을 우연히 본 적이 있다. 땅 위에 떨어진 날다람쥐는 피막을 접고, 평지는 걷기 힘든지 뒤뚱거리며 걸어서 나무 위로 뛰어올랐다. 날다람쥐가 평평한 땅 위를 잘 걷지 못하는 것은 앞다리와 뒷다리의 균형이 맞지 않기 때문이다. 날다람쥐는 앞다리보다 뒷다리가 훨씬 길다.

연골은 날다람쥐와 생활 모습도 몸집도 전혀 다른 두더지에게서도 볼 수 있다. 이 사실을 알게 된 것은 뒤에서 소개할 폴리덴트법(틀니 세정제의 효소를 이용하는 방법)으로 두더지의 골격 표본을 만들고 있을 때였다.

두더지를 해부하며 가장 눈에 띄는 것은 튼튼한 상반신이었다. 가슴과 팔 주변에 근육이 잔뜩 붙어 있어 단련을 거듭한 보디빌더의 울퉁불퉁한 상반신이 연상되었다. 손목에서 손가락 끝까지 뼈의 크기도 크고 손톱도 긴 것이 마치 야구 글러브를 끼고 손가락 끝에 요란스러운 손톱을 붙인 듯한 모양이었다. 뼈 자체도 다른 동물들보다 월등

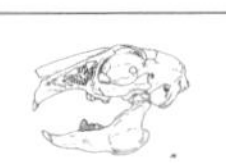

날다람쥐와 기념 촬영!
브이!
현미경 나무상자를
개조하여 만든 둥지상자
M.

히 튼튼하여 땅을 파기에 정말 딱 들어맞는 신체 조건이었다. 한편으로 이 조그만 동물이 땅을 파고 굴을 파는 것이 얼마나 힘든 일인지 절실히 느껴졌다.

그런데 골격 표본을 만들기 위해 가죽을 벗기고 살을 거의 다 제거한 후 폴리덴트 액에 하룻밤 담가 두었는데 다음 날에도 손바닥 주변이 여전히 딱딱했다. 쥐와 같은 작은 동물은 폴리덴트에 하룻밤 담가 두면 손가락과 발가락이 모두 부드러워져서 핀셋으로 긁어 낼 수 있을 정도가 된다. 하지만 두더지의 경우는 좀처럼 부드러워지지 않았다. 어쩔 수 없이 손바닥을 메스로 신중하게 절개해 보았더니 엄지손가락 좀 더 안쪽에 마치 여섯 번째 손가락처럼 생긴 딱딱한 것이 나타났다.

그것은 엄지손가락 관절 옆에 뻗어 나온 초승달 모양의 연골이었다. 이 연골이 원래 어느 부분에 붙어 있는 건지 알 수 없었지만 길고 튼튼해 보이는 손가락 끝의 손톱과 더불어 손바닥 면적을 넓혀 흙을 파헤치는 데 도움을 줄 것이라는 점은 상상할 수 있었다.

마찬가지로 두더지 뒷발도 살펴보면 엄지발가락 관절에 막대 모양의 연골이 붙어 있다. 앞발만큼 크지는 않은 5밀리미터 정도의 길이인데 이 뒷다리의 연골도 흙을 파헤치는 데 도움이 될지 궁금했다.

두더지를 해부하는 것을 옆에서 보고 있던 유코가 말했다.

"이거 발가락 아니에요?"

유코의 말대로 그것은 마치 여섯 번째 발가락처럼 보인다. 날다람쥐나 두더지에게서 볼 수 있는 이 특수한 연골을 볼 때마다 나는 한 가지 이야기가 떠오른다.

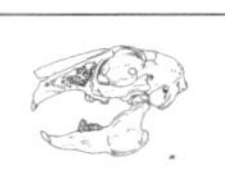

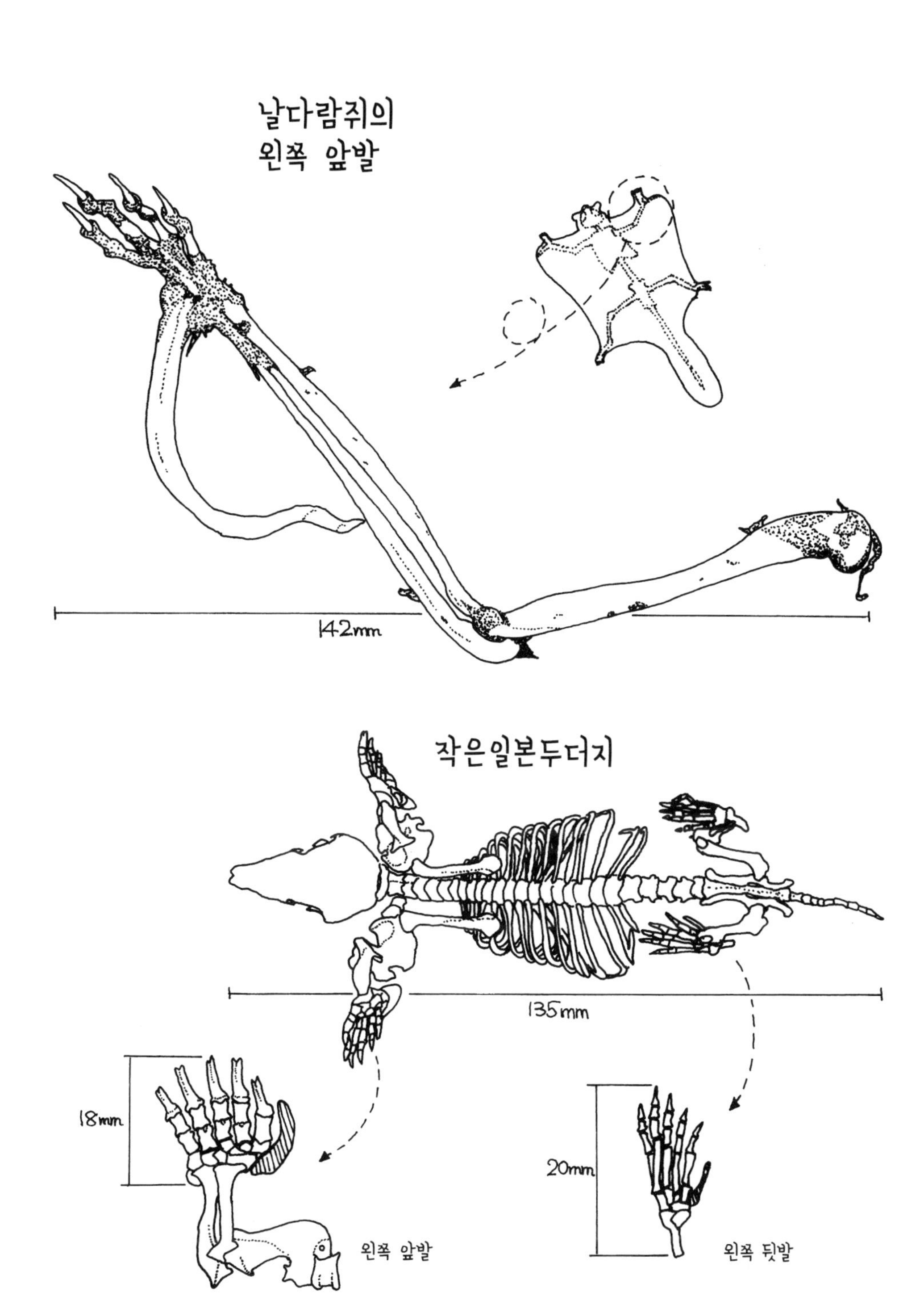

날다람쥐의
왼쪽 앞발
142mm
작은일본두더지
135mm
18mm
왼쪽 앞발
20mm
왼쪽 뒷발
Y.

스티븐 제이 굴드라는 진화생물학자가 《판다의 엄지》라는 책에서 판다 앞발의 여섯 번째 손가락에 대해 소개한 적이 있다. 판다의 앞발에는 사람의 엄지손가락 같은 역할을 하는 여섯 번째 손가락이 있는데, 이건 본래 손목뼈(노쪽종자뼈)였던 것이다.

판다는 곰에 가까운 종으로, 앞발의 진짜 엄지손가락이 사람의 엄지손가락처럼 다른 손가락과 마주하고 있어 물건을 잡을 수 있는 그런 구조가 아니다. 그래서 앞발에 있는 여섯 번째 손가락을 엄지손가락처럼 사용하여 주식인 대나무를 잡는다.

뒷발에도 앞발의 여섯 번째 손가락에 해당하는 커다란 뼈가 있지만, 이것은 특별하게 어떤 역할을 하지는 못하고 그저 앞발에서 일어난 유전적 변형이 덩달아 일어난 것이라고 한다.

그렇다면 두더지의 뒷발에 있는 막대 모양의 연골도 특별한 역할을 하는 것이 아니라 앞발에 튀어나온 연골의 변형에 덩달아 생겨난 것일까? 날다람쥐와 두더지 발에 붙어 있는 작은(그들에게는 크겠지만) 연골이 나에게는 생물의 긴 역사와 진화라는 광활한 세계를 살짝 엿볼 수 있는 작은 문이 되어준다.

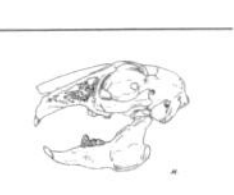

날다람쥐의 전신 골격

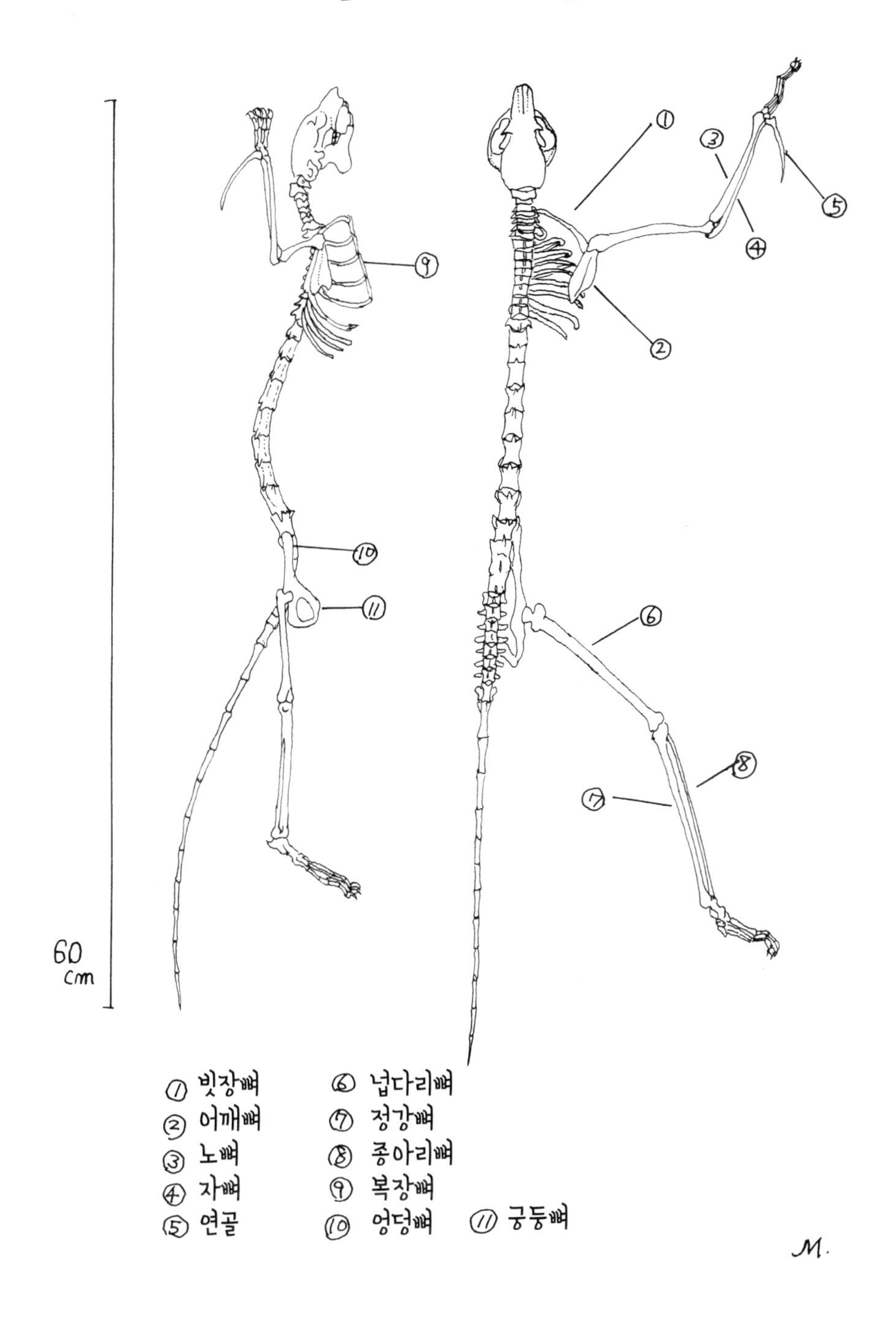
60 cm
①
②
③
④
⑤
⑥
⑦
⑧
⑨
⑩
⑪
① 빗장뼈
② 어깨뼈
③ 노뼈
④ 자뼈
⑤ 연골
⑥ 넙다리뼈
⑦ 정강뼈
⑧ 종아리뼈
⑨ 복장뼈
⑩ 엉덩뼈
⑪ 궁둥뼈
M.

토끼의 빗장뼈를 찾아라

야스다 마모루

토끼의 골격 표본을 짜다가 문득 외쳤다.

"앗! 빗장뼈를 잃어버렸잖아!"

이런 건 자주 하는 실수다. 어쩔 수 없이 다른 토끼 골격에서 찾아 보았지만 역시 찾을 수 없었다. 다른 골격 표본과 비교해 보면 좋을 것 같아 과학실에 있는 것을 꺼내 보았으나 예전에 어느 여학생이 조립을 하다가 그대로 방치해 둔 것뿐이라 별로 도움이 되지 못했다.

결국 토끼에게 빗장뼈가 있는데 잃어버린 것인지 아니면 원래 빗장뼈가 없는 것인지 알 수가 없었다. 그러고 나서 일주일 뒤 냄비에 족제비를 넣고 보글보글 끓이고 있던 고등학교 1학년 학생들이 이렇게 말했다.

"선생님, 빗장뼈를 찾을 수가 없어요."

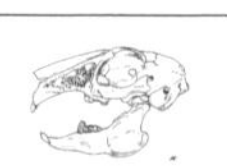

"어디 흘린 것 아니니?"

"그럴 리 없어요. 손가락으로 딱딱한 것을 꼼꼼히 확인하면서 했거든요."

순간 머릿속에 무언가가 번쩍 떠올랐다. 그래서 과학실에 진열되어 있는 표본들을 가지고 빗장뼈가 있는 동물과 없는 동물을 나누어 보았다.

빗장뼈가 있는 동물 – 일본원숭이, 게잡이원숭이, 흰넓적다리붉은쥐, 다람쥐, 날다람쥐, 두더지
빗장뼈가 없는 동물 – 너구리, 여우, 오소리, 바다표범, 돌고래

빗장뼈가 있는 것은 원숭이, 쥐, 두더지 종류뿐이었다. 자주 다루었던 너구리, 여우에게 빗장뼈가 없다는 것을 그때 새삼 깨달았다.

"빗장뼈가 없다니, 도대체 어떻게 된 거야?"

우타가 중얼거렸다. 과연 뼈 바르기에 열심인 만큼 날카로운 질문을 한다. 사람도 다른 동물도 앞다리(팔)를 거슬러 올라가면 마지막에 어깨뼈(사람에게는 등 위쪽 삼각형으로 튀어나온 뼈가 두 개 있다)와 이어져 있다. 즉 앞다리는 어깨뼈에 붙어 있는 것이다. 그리고 어깨뼈는 어느 부분과 이어져 있는가 하면, 어떤 뼈와도 이어져 있지 않다. 척추와 붙어 있지도 않고 갈비뼈와는 근육으로 이어져 있을 뿐 뼈와 뼈는 연결되어 있지 않다.

이렇게 공중에 매달려 있는 어깨뼈를 복장뼈와 이어 주는 유일한 뼈가 빗장뼈다. 우리 가슴 위쪽에 툭 튀어나온 뼈로, 흔히 쇄골이라

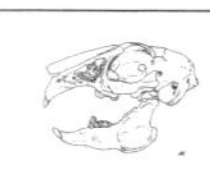

고도 부른다. 거울로 보아도 윤곽이 보일 정도이므로 존재감이 분명하다. 그래서 많은 사람들이 모든 동물에게 빗장뼈가 있을 거라고 굳게 믿지만 그렇지 않다는 것이 이로써 밝혀졌다. 빗장뼈가 없다는 것은 앞다리가 공중에 매달려 있다는 것을 의미한다. 잘 모르는 사람 눈에 이것은 왠지 불안해 보인다. 근육으로만 이어져 있다니 힘을 세게 주면 어깨가 어긋날 것 같아 걱정이 된다.

"여기에 관한 책이 있을까. 혹시 내가 엄청난 발견을 한 거 아니야?"

이런 생각을 하며 집에 돌아가 책을 찾아보았다. 먼저 《비주얼 박물관, 골격》이라는 책에 실린 골격 사진을 보았다. 빗장뼈가 있다고 알려진 것은 두더지, 박쥐, 사람, 아르마딜로이다. 골격 사진이 대부분 옆에서 본 모습을 찍은 것이라 몸 앞쪽에 있는 빗장뼈의 유무를 확인하기는 어려웠다. 다음으로 가미타니 토시로가 쓴 《뼈의 동물지》를 보니 이런 내용이 있었다.

박쥐목 – 빗장뼈, 어깨뼈 모두 크다.
식육목(고양이 외) – 빗장뼈는 흔적만 있거나 혹은 전혀 없다.
기제목(말 외)– 빗장뼈가 없다.

고양이와 말은 빗장뼈가 없거나 흔적만 있다고 이 책은 명확하게 기록하고 있었다. 빗장뼈가 있는지 없는지 유심히 관찰해 보면 두더지, 박쥐, 사람, 원숭이 등 포유류의 기본 골격 구조를 그대로 유지하는 동물들에게는 빗장뼈가 있다는 것을 알 수 있다.

이런 내용도 찾았다.

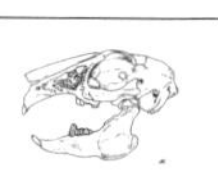

여러 동물의 빗장뼈

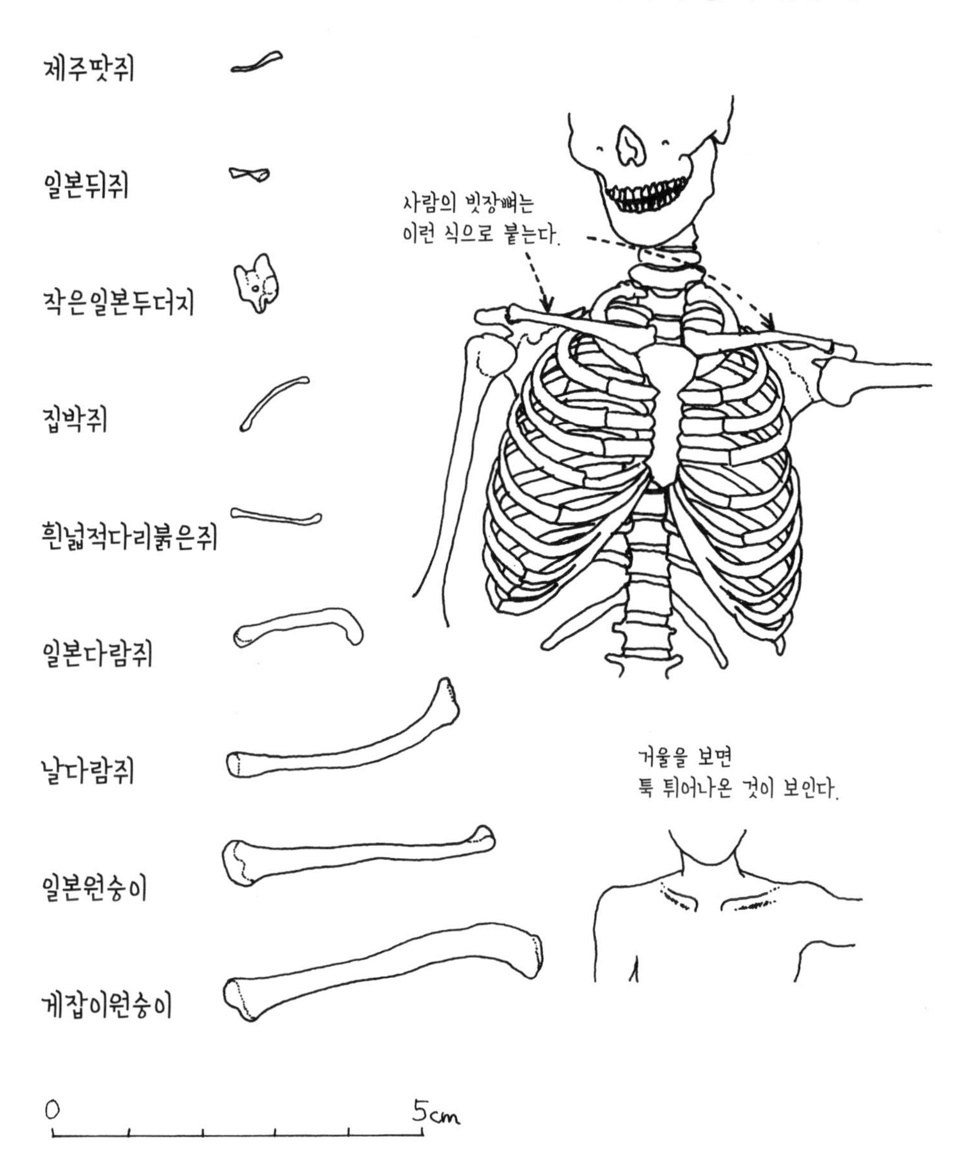
제주땃쥐
일본뒤쥐
작은일본두더지
집박쥐
흰넓적다리붉은쥐
일본다람쥐
날다람쥐
일본원숭이
게잡이원숭이
사람의 빗장뼈는
이런 식으로 붙는다.
거울을 보면
툭 튀어나온 것이 보인다.
0
5cm

Y.

오리너구리 같은 단공목(알을 낳는 포유류), 설치류, 박쥐목, 영장류 등 나무를 타거나 물건을 잡는 동물은 빗장뼈가 발달했지만 개나 말처럼 빠르게 달리는 동물은 대부분 빗장뼈가 없다.

'그러고 보니 그런걸.'

하지만 어설픈 지식으로는 튼튼한 다리로 빨리 달리는 개나 고양이, 말이 오히려 빗장뼈가 단단히 붙어 있어야 할 것 같은데……. '빗장뼈의 흔적'이라는 것도 마음에 걸렸다. 뼈일까, 아니면 인대나 근육 같은 것일까?

그리고 토끼는 빗장뼈가 있을까, 없을까? 하지만 그 이상은 실마리도 없고 빗장뼈에 관한 의문이 마치 고양이와 말의 앞다리처럼 허공에 매달려 있는 느낌이었다. 무엇이든 금방 싫증을 내는 나는 그 문제를 잊어버리고 있다가 여러 해가 지나 다시 의문이 고개를 쳐들었다. 어느 날 나오코가 "너구리는 빗장뼈가 없어요?"라고 물었던 것이다.

나오코는 그 당시 친구인 유코와 함께 골격 표본 만들기에 맹활약하고 있던 2학년 학생이다. 내가 수업이 끝나고 '해골의 방'에 얼굴을 들이밀면 대개는 뼈를 만지작거리면서, "선생님, 질문이 있어요. 그럼 이건 누구의 뼈예요? 잠깐만요, 말하지 마세요. 맞혀 볼게요. 허리뼈이고…… 조금 크니까, 개……?"라고 말하는 아이다.

나오코의 말 때문에 잊고 있던 빗장뼈 문제가 다시 떠올랐다.

"너구리는 빗장뼈가 없는 것 같아."

"빗장뼈가 없다니, 그러면 어떻게 돼 있는 거예요? 저는 어깨뼈가 빠져서 다시 끼운 적도 있는데, 너구리는 어깨가 빠지기는커녕 붙어 있지도 않다고요?"

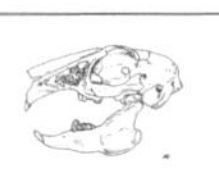

그러고 나서 며칠 뒤 출근 길에 차에 치여 죽어 있는 동물을 보았다. 당황해서 차를 세우고 가까이 가 보니 산토끼였다. 정면으로 부딪혔는지 몸이 괴상하게 틀어지고 내장이 몸 밖으로 튀어나와 있었다. 아마도 몸속이 여기저기 부서진 것 같았다. 산토끼가 교통사고로 죽는 경우는 드물기 때문에 지나가는 사람들의 따가운 시선에도 불구하고 나는 비닐봉지를 꺼내 토끼를 담았다.

며칠 뒤 토끼를 조심스럽게 해부하는데 그때 마침 지나가던 유코가 냄새를 알아채고 과학실로 들어왔다.

"이거 뭐예요? 토끼예요? 토끼가 왜 이렇게 됐어요?"

유코 말대로 토끼는 몸 여기저기 뼈가 부러져 전신 골격을 만들기는 어려울 것 같았다.

"좋아, 모처럼 주운 토끼 사체이니 빗장뼈를 찾아보자."

지난번 토끼를 해부할 때는 까맣게 잊어버렸다. 토끼는 빗장뼈가 없을까? 아니면 있는데 못 본 것일까? 있다면 토끼의 빗장뼈는 어떻게 생겼을까? 빗장뼈가 있을 만한 부분을 여기저기 손가락으로 움켜쥐어 보았다. 없다. 한참 찾았더니 아주 가늘고 작은 힘줄 같은 것이 손에 잡혔다. 이것일까? 메스로 근육을 잘라 꺼내 보았다. 작은 막대 모양의 뼈가 나왔다.

"이게 토끼 빗장뼈예요? 이렇게 작은데 쓸모가 있을까요?"

그것은 뼈라고 하기에는 너무나 불완전하여 뼛조각이라고 해야 할 것 같았다. 다른 뼈와 연결이 되어 있는 것도 아니고 근육 안에 들어 있는 힘줄로 이어져 있을 뿐이었다. 유코의 말대로 이 뼈가 있든 없든 몸 안에서 그다지 두드러진 기능을 할 것 같지는 않아 보였다. 불

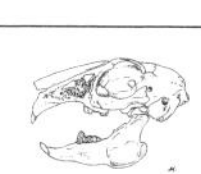

완전한 토끼의 빗장뼈. 염원하던 빗장뼈를 손에 넣었지만 수수께끼는 계속되었다.

과학실 선반에 늘어서 있는 표본을 다시 꺼내어 빗장뼈를 하나하나 살펴보고 같은 빗장뼈라도 동물에 따라 그 모양이 제법 차이가 있다는 것을 알게 되었다. 그중에서도 가장 변화가 큰 것이 두더지의 빗장뼈였다. 빗장뼈는 대부분 막대 모양을 하고 있는데 두더지의 빗장뼈는 벽돌 모양으로 뼈가 뭉쳐 있는 것같이 보였다. 만일 이 뼈만 보게 된다면 빗장뼈라고는 상상도 할 수 없을 것이다. 두더지의 빗장뼈는 왜 이렇게 생겼을까? 이것은 두더지의 친척에 해당하는 제주땃쥐, 일본뒤쥐와 비교해 보면 어렴풋이 이해가 간다.

셋 중 땅 위에서 생활하는 시간이 가장 많은 제주땃쥐의 빗장뼈는 다른 동물처럼 가는 막대 모양이다. 얕은 땅속에서 굴을 파는 일본뒤쥐는 빗장뼈가 짧고 굵다. 땅굴 파기를 가장 많이 하는 두더지는 땅속 생활에 적응하기 위해 빗장뼈도 특수하게 변해, 앞에서 이야기했듯이 크고 튼튼한 빗장뼈를 가지게 된 것으로 보인다. 토끼의 쓸모없어 보이는 막대 모양 빗장뼈와 두더지의 단단한 벽돌 모양 빗장뼈. 이런 작은 뼈 속에도 생물들이 살아가는 모습이 담겨 있다.

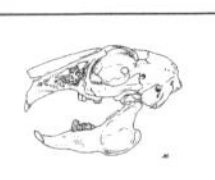

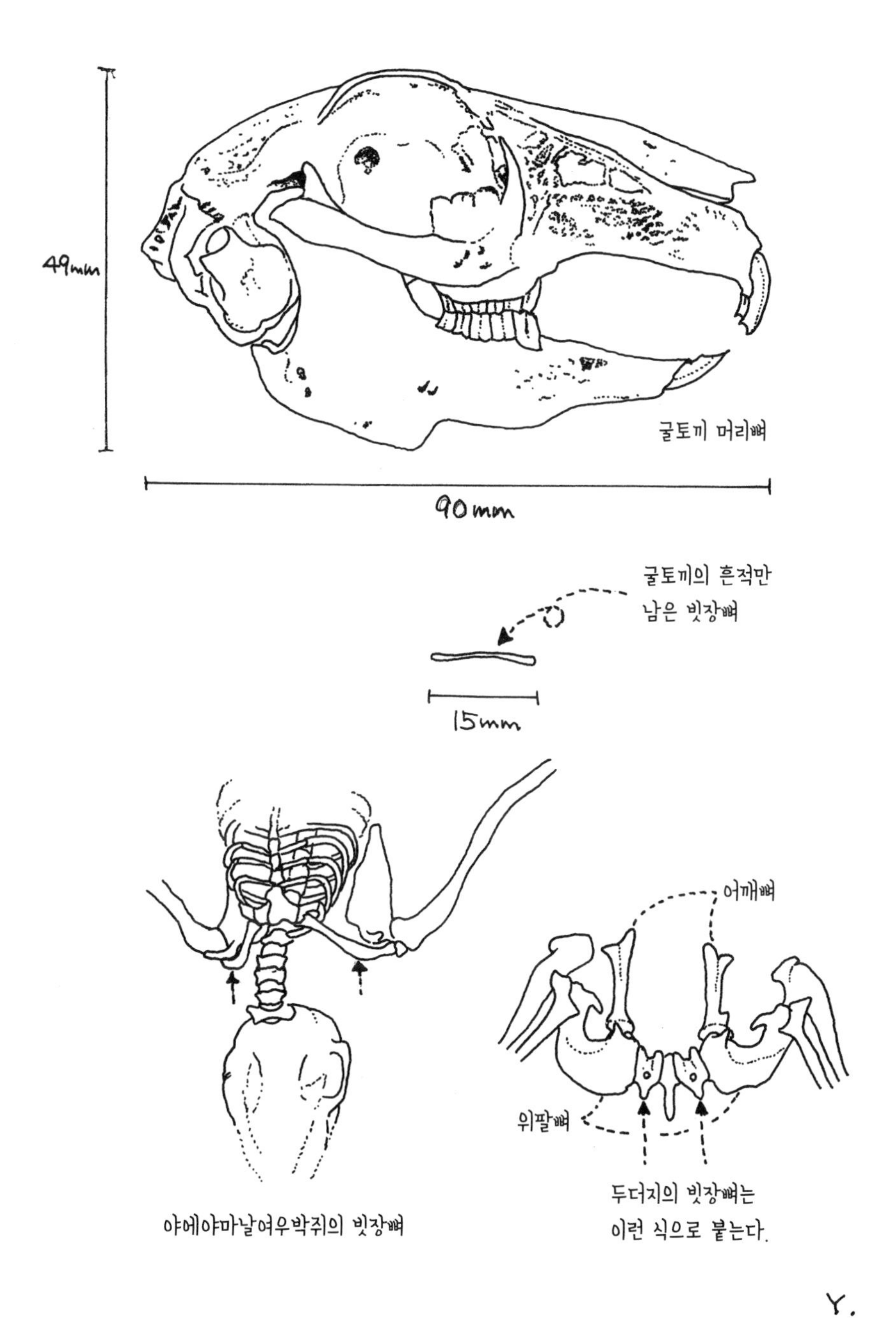
49mm
90mm
굴토끼 머리뼈
굴토끼의 흔적만
남은 빗장뼈
15mm
어깨뼈
위팔뼈
야에야마날여우박쥐의 빗장뼈
두더지의 빗장뼈는
이런 식으로 붙는다.
Y.

거북이 껍데기 속은 어떻게 생겼을까

모리구치 미쓰루

"선생님! 거북이 껍데기 속은 어떻게 되어 있어요?"

스스로 거북이를 좋아한다고 자부하는 유코가 물었다.

"껍데기에서 거북이의 몸을 꺼내면 죽나요?"

"그럼."

"저는 껍데기를 잡고 흔들면 쏙 빠져나오는 줄 알았는데요."

유코의 이런 엉뚱한 말에 나도 모르게 웃음이 나왔지만, 그래도 학생들 대부분은 유코처럼 거북의 몸을 그렇게 상상한다. 자연관찰 수업 시간에 거북에 관한 이야기가 나왔다.

"냉동고에 거북이가 있어요."

마침 이때 애완용으로 키우던 땅거북의 사체가 들어와 냉동고에

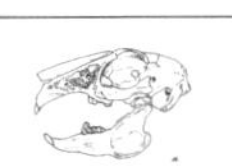

보관되어 있었다.

우선 얼어 있는 거북을 녹여야 했다. 수조에 뜨거운 물을 붓고 거북을 넣었더니 물 위로 떠올랐다. 어딘가 묘했다. 거북이 다 녹았지만 등딱지와 배딱지가 완벽하게 이어져 있어, 거북을 처음 해부하는 우리는 어디부터 메스를 대야 할지 한참을 고민해야 했다.

"톱으로 잘라 볼까?"

히사코가 잽싸게 소형 톱을 가져와 등딱지와 배딱지의 경계선처럼 보이는 부분을 잘라 냈다. 껍데기와 몸을 잇는 피부와 근육이 떨어졌다.

"와, 드디어 거북이 껍데기 속을 보게 되는 거야!"

수업에 참가하고 있던 다른 학생들(이 시간에 몇몇 학생들은 한쪽에서 공작과 너구리를 해부하고 있었다)도 일제히 주위로 모여들었다. 배딱지를 떼어 내자 가장 먼저 눈에 들어온 것은 간이었다. 간이 넓게 퍼져 거북의 몸속을 거의 뒤덮고 있었다. 간을 들어내니 비로소 장이 보였다.

"와, 이것 봐! 여기를 누르면 머리가 튀어나와."

게이코가 자신의 발견에 매우 흥분해서 외쳤다. 거북의 '배'를 누르자 머리가 앞으로 쑥 나왔다. 그러나 어떻게 그렇게 움직이는 건지는 알 수가 없었다.

내장의 모습을 대충 관찰했으므로 이제 뼈 바르기를 시작했다. 냄비에 넣어 한참을 익히고 살을 떼어 내니 아까 게이코가 '누르면 머리가 쏙 나온다'던 부분이 다름 아닌 목이라는 사실을 알 수 있었다.

거북이 머리를 움츠렸다 꺼냈다 한다는 것은 누구나 알고 있다. 그

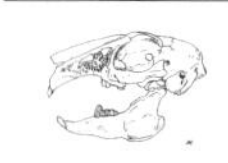

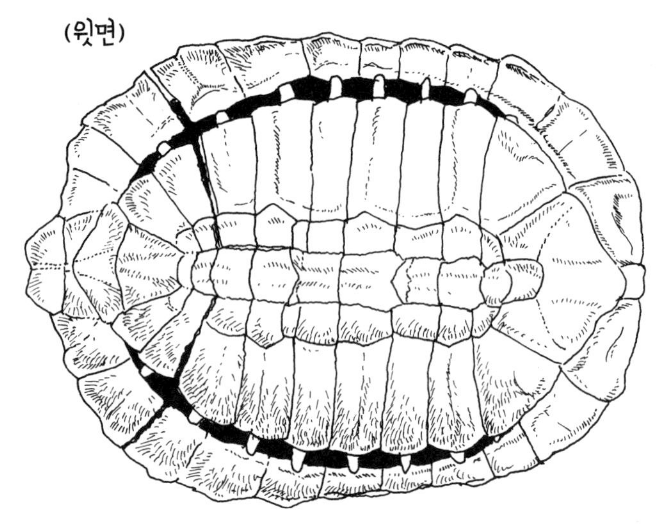
(윗면)

• 민물거북의 껍데기 ⟶ (앞)

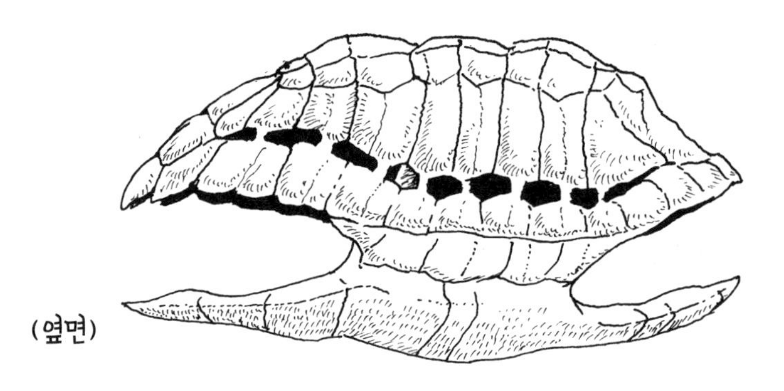
(옆면)

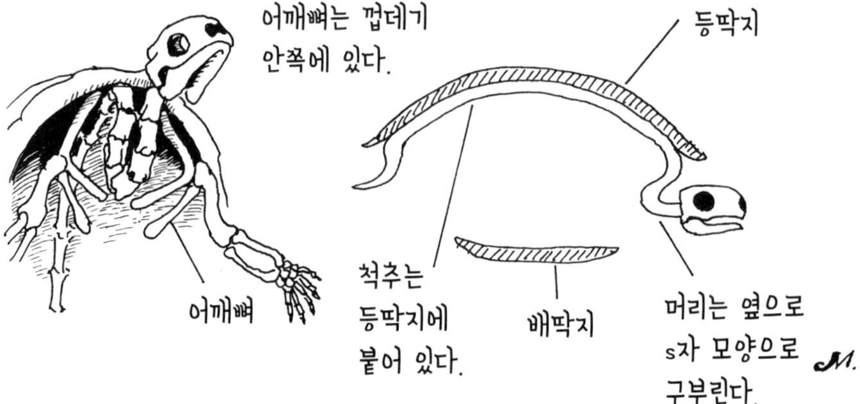
• 배딱지를 열어보면
어깨뼈는 껍데기
안쪽에 있다.
어깨뼈
• 거북 머리~등뼈의 모식도
등딱지
척추는
등딱지에
붙어 있다.
배딱지
머리는 옆으로
s자 모양으로
구부린다.
M.

런데 어떤 방법으로 머리를 넣을 수 있는지는 그때까지 생각해 본 적이 없었는데 이제 알게 되었다. 거북의 목은 세로로 길게 S자 모양으로 휘어지며 머리를 등딱지 속으로 집어넣는다.

약 2억 년 전에 거북의 조상이 처음 지구상에 등장했다. 그러나 이 거북 조상들은 머리를 등딱지 속에 집어넣지 못했다. 그 후 시간이 흐르면서 목을 집어넣는 거북이 나타나게 된 것이다.

거북이 머리를 집어넣는 방법은 두 가지가 있다. 하나는 곡경류 거북이 머리를 집어넣는 방법으로, 목을 옆으로 구부리는 것이다. 또 하나는 우리가 본 거북처럼 잠경류 거북이 목을 집어넣는 방법으로, 목을 세로로 구부리는 것이다. 예전에는 곡경류 거북이 훨씬 수가 많았으나 오늘날은 잠경류 거북이 활개를 치고 있다.

"거북이도 뼈가 있어요?"

거북 해부 수업에 참가하고 있던 리쓰코가 물었다. 별생각 없이 "당연하지."라고 대답했는데 해부하면서 직접 그 뼈를 보고는 나도 놀라고 말았다. S자 모양으로 휜 목에서 등딱지 안쪽으로 쭉 이어진 척추가 뻗어 있었다. 거북도 척추동물이므로 머리에서 시작하여 꼬리까지 척추로 이어져 있고 중간에 손발이 붙어 있는 기본 구조는 사람과 같다. 그런데 등딱지라는 묘한 존재가 거북에게도 척추가 있다는 사실을 깜박 잊게 만든다. 그러면 등딱지란 무엇일까?

뼈를 발라내다 보면 알 수 있지만, 척추의 양쪽으로 길게 직사각형 모양의 뼈가 쭉 붙어 있다. 거북 등딱지는 사실 갈비뼈가 변화한 것이다. 우리가 뼈를 발라낸 땅거북은 등딱지와 배딱지가 서로 붙어 있어 알기 어려웠지만, 바다거북을 보면 뼈를 발라낼 때 등딱지가 하나하나

쉽게 떨어지고 형태도 갈비뼈와 흡사하다는 것을 알 수 있다. 어쨌든 이번 뼈 바르기 수업으로 거북의 등딱지는 바로 갈비뼈라는 것을 알게 되었지만, 그래도 '거북이 껍데기 속 몸'은 여전히 묘한 세계다.

거북의 손발은 껍데기 속에서 나온다. 이에 대해 자세히 설명해 보겠다.

어깨뼈는 앞다리(팔) 관절인 어깨 부분에 있는 뼈로, 앞다리를 움직이는 근육이 붙어 있는 조금 납작한 뼈다. 사람도 어깨가 있어 마사지를 할 때 어깨뼈를 따라 손가락으로 꾹꾹 누른다. 너구리를 해부할 때는 갈비뼈 위에 있는 어깨뼈 안쪽에 메스를 대고 앞다리를 떼어 내 몸통과 따로 익히기도 한다.

거북도 어깨뼈는 있다. 그런데 앞에서 말한 대로 거북 앞다리는 등 안쪽에서 나온다. 당연히 거북의 어깨뼈도 등딱지 안쪽에 있다. 거북의 등딱지는 갈비뼈에서 진화한 것이니 거북은 어깨뼈가 갈비뼈 안에 있는 셈이다. 그렇다면 어깨뼈가 갈비뼈 밖에 있는 사람, 너구리와는 반대인 것이니 이상하지 않을 수 없다.

거북도 다른 척추동물과 같은 조상에서 진화해 온 동물이다. 그러니 원래는 어깨뼈가 갈비뼈 바깥에 붙어 있었을 텐데, 그것이 언제 어떤 식으로 갈비뼈 안쪽으로 옮겨 온 것일까? 아무리 생각해도 답을 알 수 없었다.

어떤 책에는 갈비뼈가 앞다리와 뒷다리 위에 뻗어 있다고 쓰여 있기도 하다. 여기에 관해 좀 더 살펴보기 위해 거북의 조상을 찾아보았다. 그리고 지금부터 2억 8천만 년에서 2억 2천만 년 전 시대에 살았던 거북의 조상 에우노토사우루스의 화석을 찾아냈다.

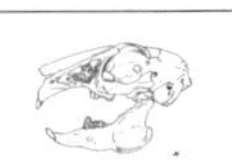

여러 동물의 어깨뼈

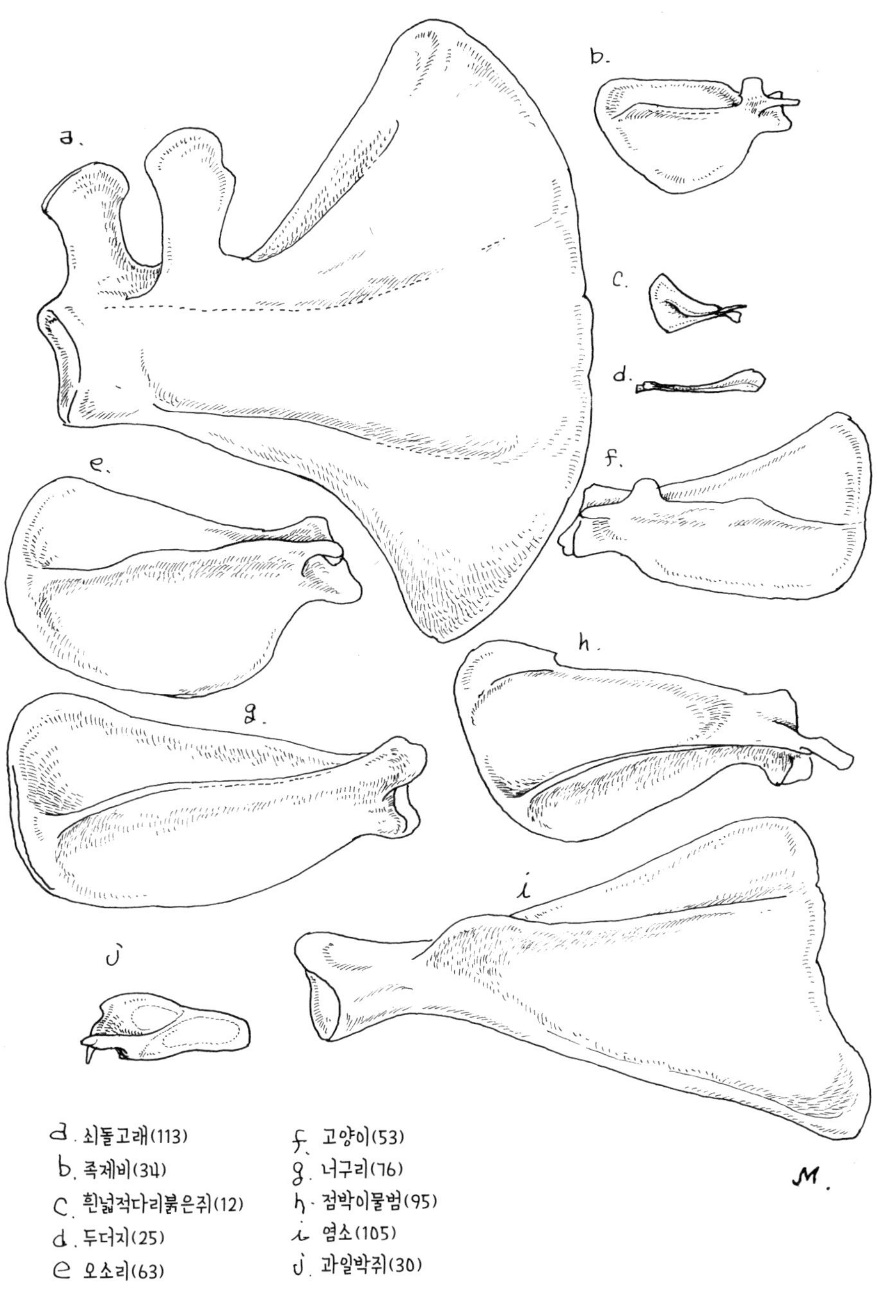

a. 쇠돌고래(113)
b. 족제비(34)
c. 흰넓적다리붉은쥐(12)
d. 두더지(25)
e. 오소리(63)
f. 고양이(53)
g. 너구리(76)
h. 점박이물범(95)
i. 염소(105)
j. 과일박쥐(30)

( ) 안은 어깨뼈의 길이. 단위 밀리미터.

이 동물은 갈비뼈가 평평해져서 옆에 있는 갈비뼈와 서로 부딪히기 시작했는데, 그때까지는 등딱지라고 할 수 있을 만큼 붙지는 않았다. 또 뒷다리의 관절도 갈비뼈에 싸여 있지 않았다. 바로 거북의 시초이다. 그런데 앞다리로 눈을 돌려 보면, 에우노토사우루스의 어깨뼈는 이미 갈비뼈 안쪽으로 들어가 있다.

나는 이보다 한 단계 전의 모습이 궁금했다. 에우노토사우루스를 보아도 어떤 식으로 어깨뼈가 갈비뼈에 싸이게 되었는지 전혀 파악할 수 없었기 때문이다. 거북의 뼈를 직접 발라 보았지만, 이렇게 거북 껍데기 속은 여전히 수수께끼로 남았다.

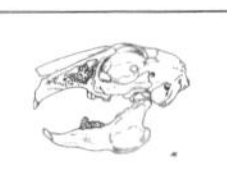

바다거북의 뼈

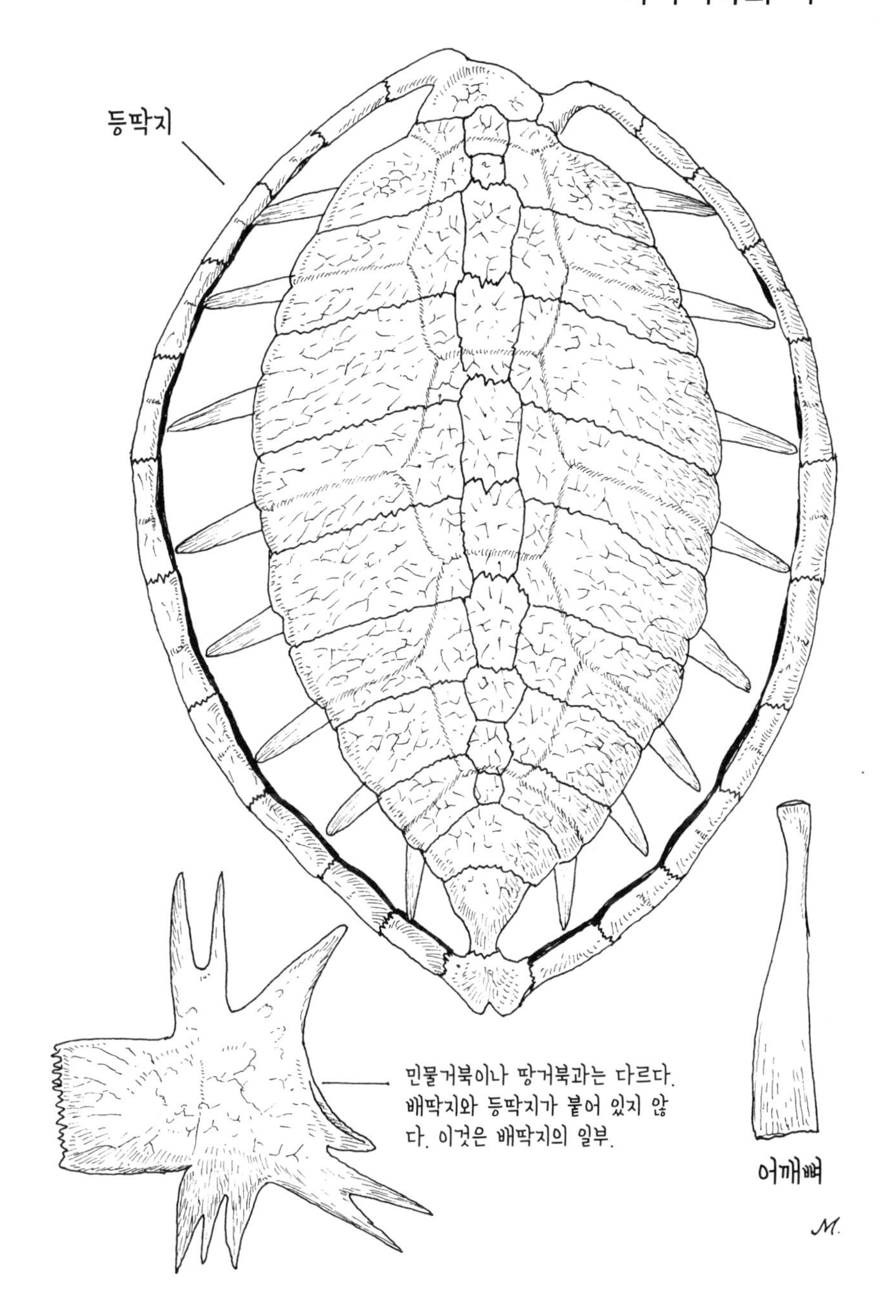

복어의 이빨

모리구치 미쓰루

언젠가 오키나와현의 이리오모테섬 나카마강 하구의 맹그로브 숲을 걷고 있을 때였다. 문득 다갈색의 돌멩이처럼 보이는 물건이 눈에 들어왔다. 주워 들고 살펴보니 크기는 대략 19밀리미터 정도이고 한쪽 면은 빨래판처럼 보였다. 자세히 관찰해 보았더니 얇은 판이 여러 겹 겹쳐 있는 모양이었다.

제법 딱딱하여 처음에는 돌이라고 생각했는데 아무래도 생물과 관련된 것 같은 느낌이 들었다. 화석일까도 생각해 보았지만 도무지 정체를 알 수가 없었다. 어쨌든 그것을 겉옷 주머니에 넣고 돌아와 그 뒤로는 까맣게 잊고 있었다.

어느 날 고등학교 1학년이었던 토모키와 화석에 대해 이야기를 나누게 되었다. 토모키는 물고기 머리 골격 표본을 잘 만드는 바로 그

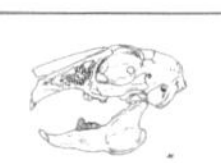

아이다. 토모키는 골격 표본 만들기에도 뛰어난 재능을 보였지만, 가장 좋아하는 것은 화석 수집이었다. 그중에서도 상어 이빨 화석에 관해서는 일가견이 있었다.

"이건 악상어 종류의 이빨이에요."

"이건 청상아리 이빨이고요."

토모키는 상어 이빨 화석을 모아 와서 나에게 보여 주며 하나하나 설명해 주었다. 나는 토모키의 이야기를 반은 흘려듣고 있었다.

"상어 이빨을 찾은 곳에 가시복 이빨도 같이 있었어요. 아주 귀한 거예요."

토모키는 이렇게 말하고 가시복 이빨 화석을 나에게 보여 주었다. 그것을 본 순간 눈을 뗄 수가 없었다. 예전에 이리오모테섬 맹그로브 숲에서 주운 것이 아닌가. 토모키가 보여 준 것은 크기는 좀 작았지만 틀림없이 같은 형태를 하고 있었다. 생각지도 않게 그때 그 물건의 수수께끼가 풀렸다.

가시복의 '이빨'은 앞에서 말했듯이 얇은 판이 여러 겹 겹쳐 있는 모양이고 가운데에 이음새가 있다. 토모키의 말에 따르면 화석은 얇은 판 하나하나가 떨어져 발견되거나, 얇은 판들이 붙어 있어도 가운데 이음새 부분이 떨어져 한쪽만 발견된다고 한다. 그런데 가시복의 이빨은 어디에 어떻게 붙어 있을까?

"그러고 보니 미노루가 가시복의 머리를 완성했다던데."

"그래요? 보러 가요."

토모키와 함께 과학실로 갔다. 과학실에는 미노루가 지난번 바닷가에서 주워 온 가시복의 머리뼈 골격을 짜 둔 것이 있었다. 그리고

예전에 어떤 아이가 하치조섬에서 같은 가시복의 일종인 강담복의 턱뼈를 발견해서 가지고 왔던 것이 생각나 그것도 꺼내 보았다.

가시복과 강담복 모두 입이 새 부리처럼 생겼다. 전갱이와 고등어는 물고기 중에서 턱뼈가 매우 얇고 익히면 위턱과 아래턱의 뼈가 좌우로 나뉜다. 한편 가시복 종류는 턱뼈가 두껍고 좌우의 턱뼈가 하나로 붙어 있어 마치 하나의 뼈 같다. 그리고 턱 중앙에 '이빨'이라는 것이 가득 있다. 토모키가 파낸 화석도 내가 우연히 주운 이빨도 주변의 뼈는 다 떨어지고 가장 딱딱한 '이빨' 부분만 남은 것이었다.

전에 바닷가에서 강담복의 턱을 주웠지만 그 속에 이빨이 있다는 것도, 더군다나 그 이빨이 때로는 따로 떨어져 굴러다닌다는 사실도 상상조차 하지 못했다.

이 이빨은 정확하게 '이빨판'이라고 한다. 《물가의 생물》이라는 책에는 강력한 가시복의 턱과 딱딱한 이빨판이 어디에 사용되는지에 관한 재미있는 에피소드가 소개되어 있다.

복어로 등을 만들어 파는 사람이 있었는데, 그가 등을 만들고 남은 내장을 복어 연구자가 얻어 가서 조사를 했더니 위에서 고둥과 소라게가 잔뜩 나왔다는 것이었다. 즉 복어의 턱과 이빨은 조개껍데기를 부수고 소라게를 씹는 펜치의 역할을 하는 것이다.

그러고 보니 얼마 전 아이들과 하치조섬으로 캠프를 갔을 때 누가 강담복을 작살로 찔렀다가 손가락을 물려 비명을 지른 일이 있었다. 그때 몹시 아파 보였는데……. 나중에 토모키와 하치조섬으로 캠프를 갔을 때에는 토모키가 강담복을 잡아서 해부하고 위 속을 조사해 보았다. 그랬더니 그 속에서 성게 가시와 부채게를 비롯해 딱딱한 것

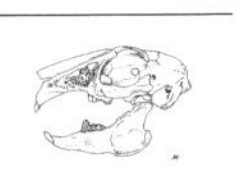

가시복의 이빨

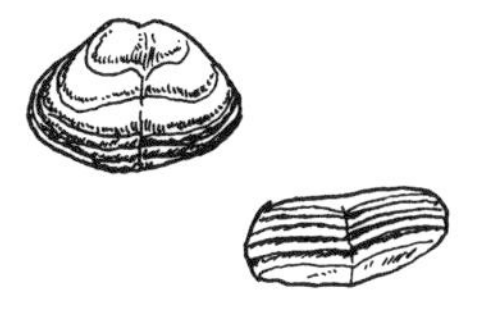

토모키가 가져온
가시복 이빨 화석

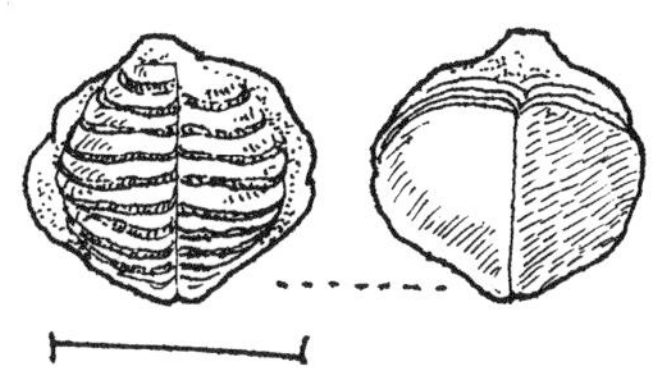

19mm

이리오모테섬 해안에서 주운 것으로
오랫동안 수수께끼의 뼈였다.

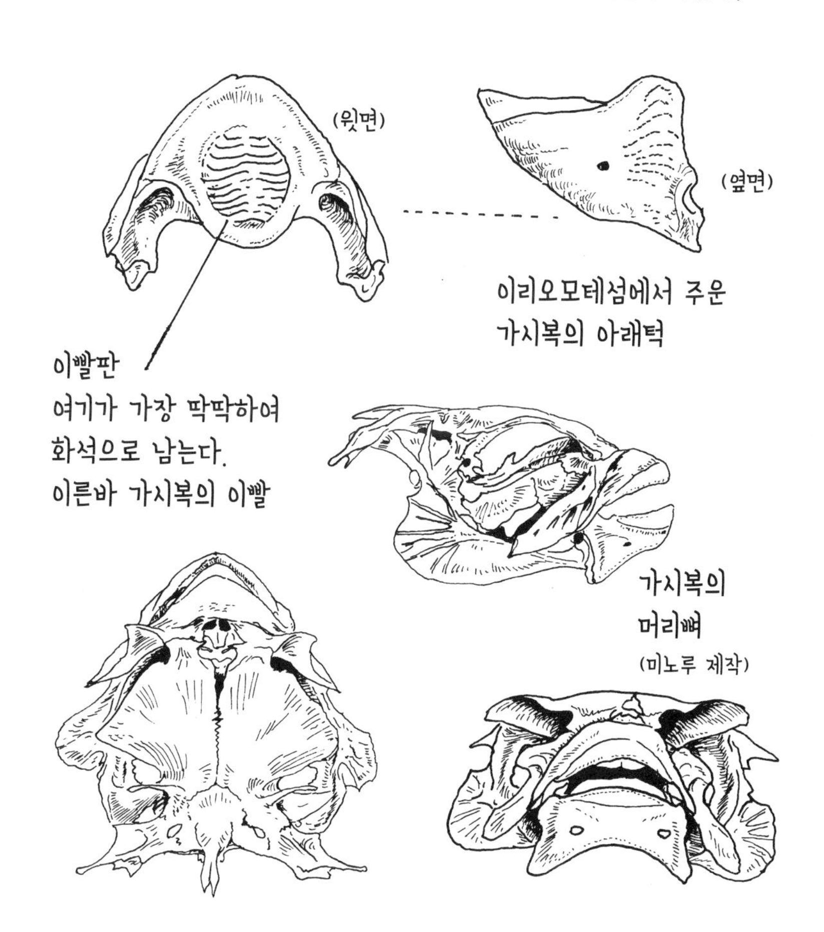

M.

들이 우르르 나와 우리는 무척 놀랐다.

그리고 한참 뒤 마키코가 바닷가에서 이상한 것을 찾았다고 나에게 가져왔다. 반투명의 불룩한 물체였다. 플라스틱처럼 보이지만 역시 생물과 관계 있는 것 같아 가져왔다고 했다. 그러면서 이게 뭔지 도무지 모르겠다며 나에게 물었다.

"이건 강담복의 공기주머니란다."

나는 한눈에 보고 안 것처럼 말해 주었다. 수수께끼의 물체에 대한 궁금증이 너무나 쉽게 풀려 마키코는 실망한 듯이 보였다.

그러나 실은 나도 똑같은 것을 바닷가에서 줍고 오랫동안 머리를 쥐어짠 적이 있었다. 그것이 무엇인지 알게 된 것은 하치조섬에서 토모키와 함께 강담복을 해부할 때였다. 이 수수께끼의 물건이 강담복의 몸속에 들어 있었던 것이다. 이로써 마음속에 간직하고 있던 수수께끼가 하나 풀렸다.

가시복의 이빨이든 강담복의 공기주머니든, 이렇게 알 수 없는 물건을 우연히 찾아내고 또 우연한 계기로 그 답을 알게 될 때 그 순간은 말로 표현할 수 없을 만큼 행복하다. 만남과 계기는 언제 누구에게 다가올지 모른다. 그래서 학생들과 나는 서로 수수께끼를 내기도 하고 또 함께 수수께끼를 풀기도 한다.

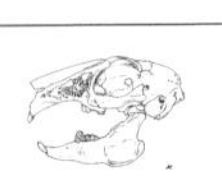

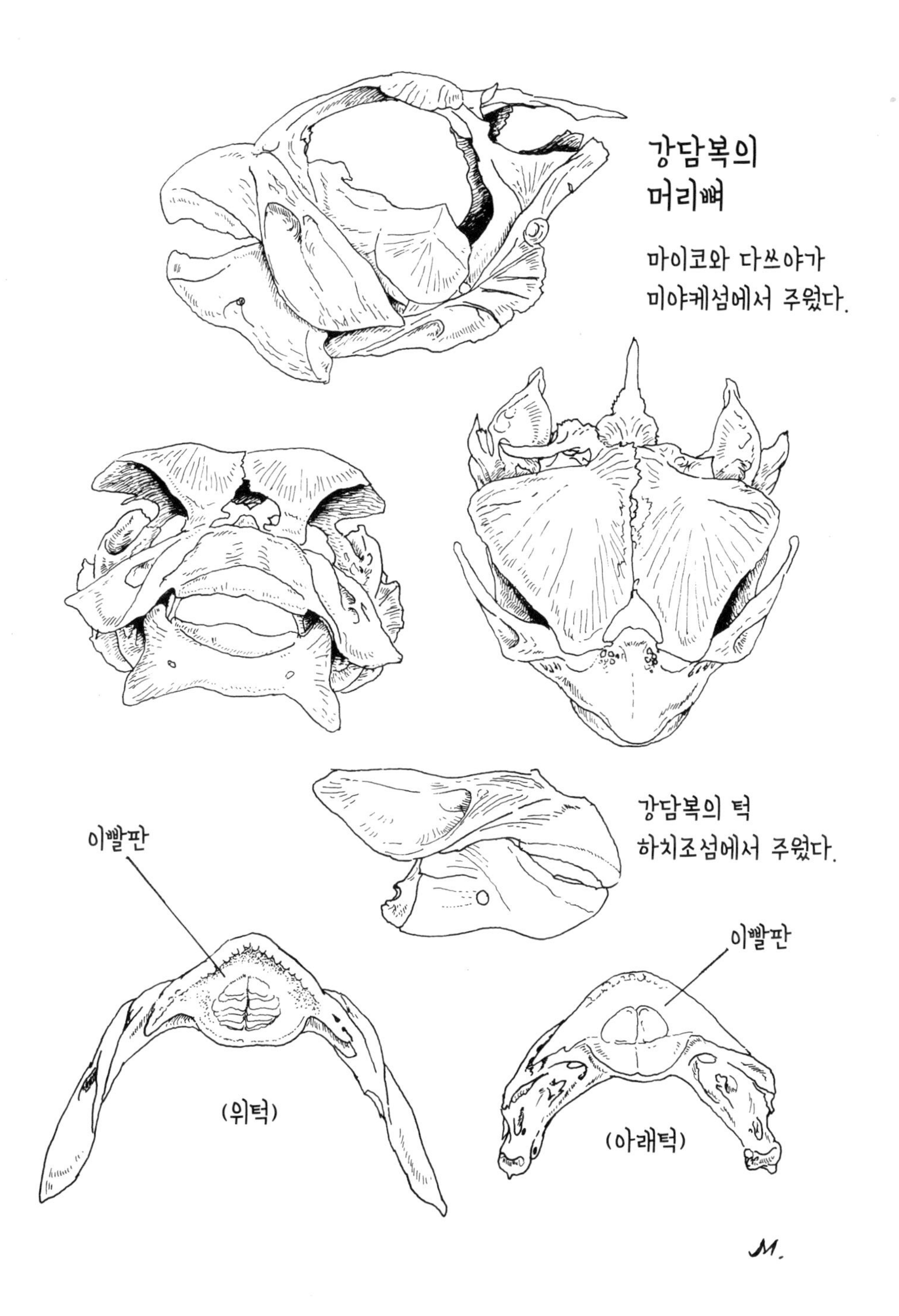
강담복의
머리뼈
마이코와 다쓰야가
미야케섬에서 주웠다.
강담복의 턱
하치조섬에서 주웠다.
이빨판
이빨판
(위턱)
(아래턱)
M.

목니

모리구치 미쓰루

히라마쓰는 살아 있는 것을 몹시 좋아해 한동안 과학실 한쪽에서 피라냐와 반시뱀을 키웠다. 히라마쓰가 졸업한 후 주인을 잃어버린 피라냐는 미술실로 옮겨졌다(다행이라고 해야 할지 반시뱀은 그 전에 죽었다). 그런데 여름방학 때 수조의 자동 온도 조절 장치가 고장 나 어이없이 죽고 말았다. 그리고 썩은 피라냐의 사체는 나에게 전해졌다.

"우욱…… 냄새."

쓰노다와 나는 코를 움켜쥐면서 피라냐를 익히고 뼈를 발라냈다. 그 유명한 피라냐의 이빨이 탐났기 때문이었다. 피라냐의 위턱과 아래턱은 뼈대가 굵고 거기에 삼각형의 이빨이 빽빽하게 차 있다.

전에 이가라시가 반쯤 백골이 된 잉어의 미라를 주워 온 일이 있는데 잉어 입은 피라냐와 달리 턱뼈가 얇고 이빨이 전혀 없었다. 잉어에게 먹이를 줘 본 적이 있다면 입을 뻐끔거리는 모습을 떠올리며 잉

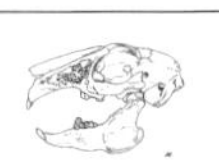

어에게 이빨이 없다는 데 쉽게 고개를 끄덕일 것이다.

이가라시가 가져온 잉어의 미라는 모처럼 찾아낸 것이라 익혀서 깨끗한 골격 표본으로 만들려고 했는데, 냄비에서 머리뼈를 익히자 제각각 흩어져 버려 짜 맞추는 데 아주 고생을 했다. 겨우겨우 다 맞췄는데 어디에 들어가야 할지 도저히 알 수 없는 한 조각이 나왔다.

그것이 바로 목니였다. 잉어가 뻐끔거리며 빵 부스러기를 먹는 것을 보며 사람들은 잉어는 이빨이 없어 딱딱한 것은 먹을 수 없다고 믿어 버린다. 그런데 사실은 그렇지가 않다. 우렁이 같은 딱딱한 껍데기를 가진 것도 잘 씹어 먹는 것이 잉어다. 그럼 잉어는 딱딱한 먹이를 어떻게 먹는 것일까? 잉어 입에는 이빨이 없지만 대신 목 안에 이빨이 있다. 목 안의 이빨, 바로 목니다.

잉어의 목니는 피라냐의 턱뼈처럼 튼튼한 뼈에 사람의 어금니처럼 끝이 둥근 뼈가 여러 개 붙어 있다. 그런데 이상한 것은 턱뼈는 일반적으로 위아래가 있어서 하나가 되는데 잉어는 턱이 아래쪽밖에 없다는 것이다. 아래턱만 있는데 도대체 어떻게 음식을 씹을까? 미노루가 잉어 골격 표본을 만들어 간신히 답을 찾을 수 있었다.

잉어의 목니는 턱으로 말하면 아래턱에 해당한다. 그리고 머리뼈 끝에 살짝 튀어나온 돌기가 아래턱과 서로 맞물리는 위턱에 해당한다. 이 목니는 옆에서 보면 아가미뚜껑 안쪽에 들어 있다.

잉어는 이빨은 없지만 위턱과 아래턱은 있다. 목니의 '턱 모양의 뼈'는 물론 진짜 턱뼈가 아니고 실은 아가미활이 변화한 것이다. 아가미활에 이빨이 나도 괜찮을까?

조사해 보면 목니의 기원은 상어나 가오리의 몸 표면에서 볼 수 있

는 비늘(이른바 거친 피부)이라고 한다. 상어의 비늘은 일반 물고기와는 달리 에나멜질, 상아질로 이루어져 있다.

원래 물고기의 조상은 턱도 이빨도 없었지만 점차 턱과 이빨이 진화해 왔다고 한다. 이 중 이빨은 상어에서 볼 수 있는 비늘(피부치라고도 한다)이 입 속으로 진화해 들어간 것이다.

나는 톱가오리의 '톱'(머리 끝에 붙어 있다)을 가지고 있는데, 이것은 진짜 이빨처럼 보인다. 물론 이 '이빨'은 입 속에 자라는 것이 아니라 비늘이 발달한 것으로, 이것을 보면 상어 비늘과 이빨은 종이 한 장 차이라는 것을 알 수 있다. 그렇다면 꼭 턱뼈가 아니라 잉어의 아가미활에 이빨이 자라도 상관없을 것 같다.

실제로 《비와 호 자연의 역사》라는 책에는 '하등 척추동물은 이빨이 턱에만 나지 않고 입에서 목까지 잔뜩 나 있다.'라고 쓰여 있다.

게다가 턱의 기원은 아가미활과 관계가 깊다. 가장 앞줄에 있던 아가미활이 점차 변화하여 턱뼈가 되었다고 생물 관련 책에서 읽은 적이 있다. 그렇다면 잉어의 이빨도 조금도 이상할 게 없다.

잉어는 턱에는 이빨이 없고 목 안 아가미활에 목니가 있는 물고기다. 그리고 이런 구조는 잉어뿐 아니라 잉엇과 물고기들이 모두 똑같다. 붕어와, 붕어를 품종개량한 금붕어도 목니가 있다. 또 잉어와 친척뻘인 미꾸라지도 목니를 가지고 있다. 목니는 이상야릇하지만 민물고기들에서는 쉽게 볼 수 있는 것이다.

잉어는 턱에 이빨이 없는 대신에 위턱을 쑥 내밀고 먹이를 쏙 빨아들일 수 있고, 목니가 있기 때문에 세상에 이렇게 번성하고 있는 것이다.

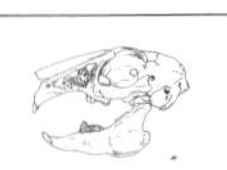

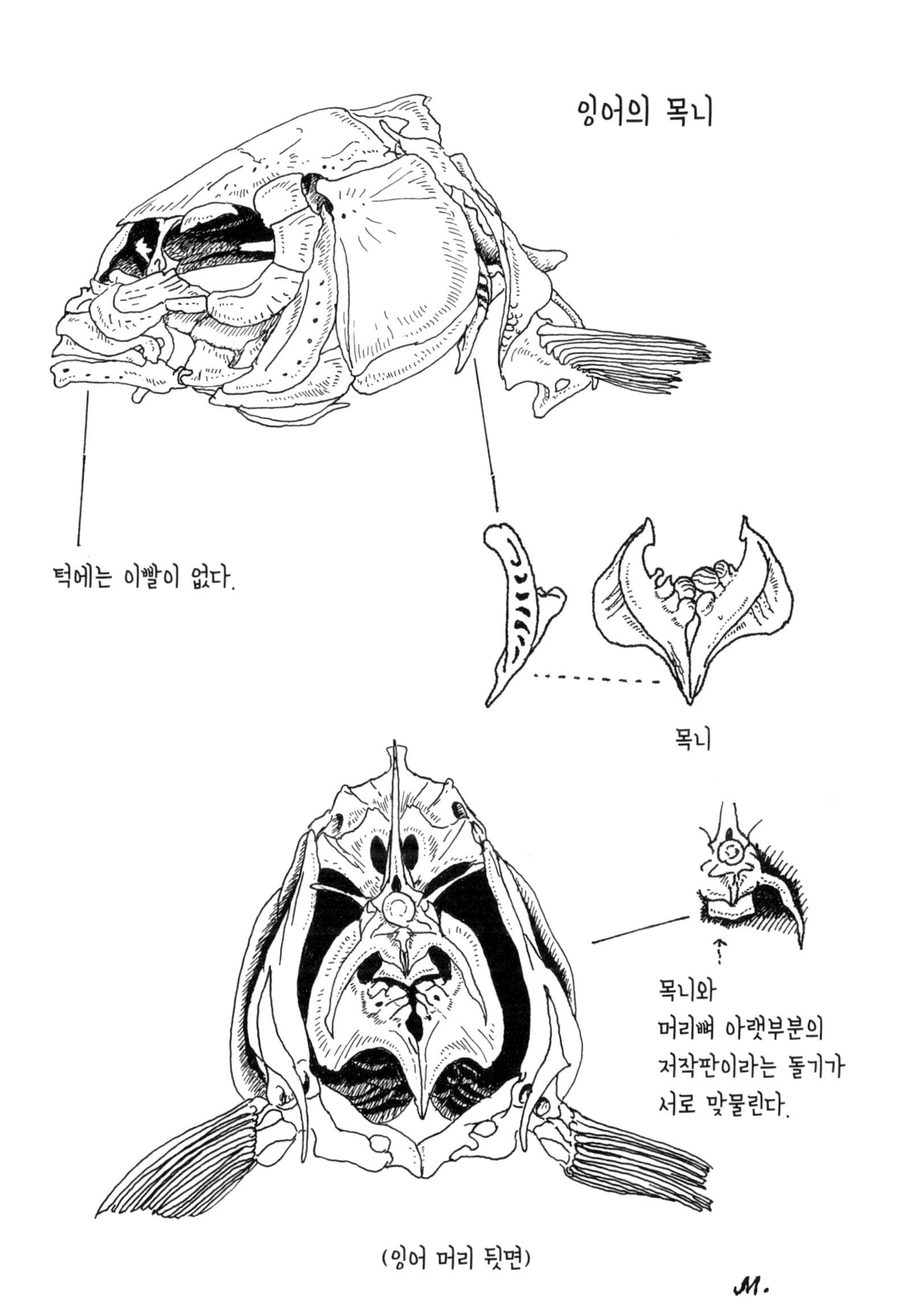
잉어의 목니
턱에는 이빨이 없다.
목니
목니와
머리뼈 아랫부분의
저작판이라는 돌기가
서로 맞물린다.
(잉어 머리 뒷면)
M.

예전에 강가 모래사장에 뼈를 주우러 갔을 때 미노루가 도네강에 방류된 중국산 거대 잉엇과 민물고기(초어인지 강청어인지)의 머리를 가지고 돌아와 뼈를 발라낸 일이 있었는데, 목니가 엄청나게 컸다.

어떤 책에는 초어가 10엔짜리 동전을 삼켜 목니로 구부렸다는 이야기도 나온다. 피라냐의 이빨도 굉장하지만 잉어 목니의 파괴력도 무시할 수 없다. 여기에 한참을 푹 빠져 있는데 물고기 골격 표본 전문가인 토모키가 찾아와 흥미로운 이야기를 해 주었다.

"비늘돔의 목니는 굉장해요."

비늘돔은 바닷물고기이고 잉엇과도 아닌데 목니가 있다니 금시초문이었다. 게다가 굉장하다고?

토모키와 함께 생선 가게에서 사 온 파랑비늘돔을 먹고 머리에서 목니를 꺼냈다. 비늘돔은 턱에도 이빨이 있다. 아니, 턱과 이빨이 하나가 되어 있고 잉어와 달리 목니가 위아래 한 쌍을 이루고 있었다. 아래쪽은 가늘고 긴 빨래판 모양이고 위쪽은 좌우 하나씩 삼각형의 뼈가 있어 그 주위로 비늘처럼 생긴 이빨이 한 줄로 죽 늘어서 있었다.

"바닷속에 들어가면 비늘돔이 이빨을 가는 소리가 들려요. 이빨을 가는 소리의 반은 목니를 가는 소리예요."

토모키는 그렇게 말하더니 목니를 꺼내 갈아 보이며 빠드득빠드득 소리를 들려 주었다. 역시 물고기에 관해서는 토모키가 한 수 위다.

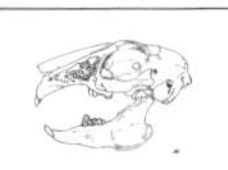

목니

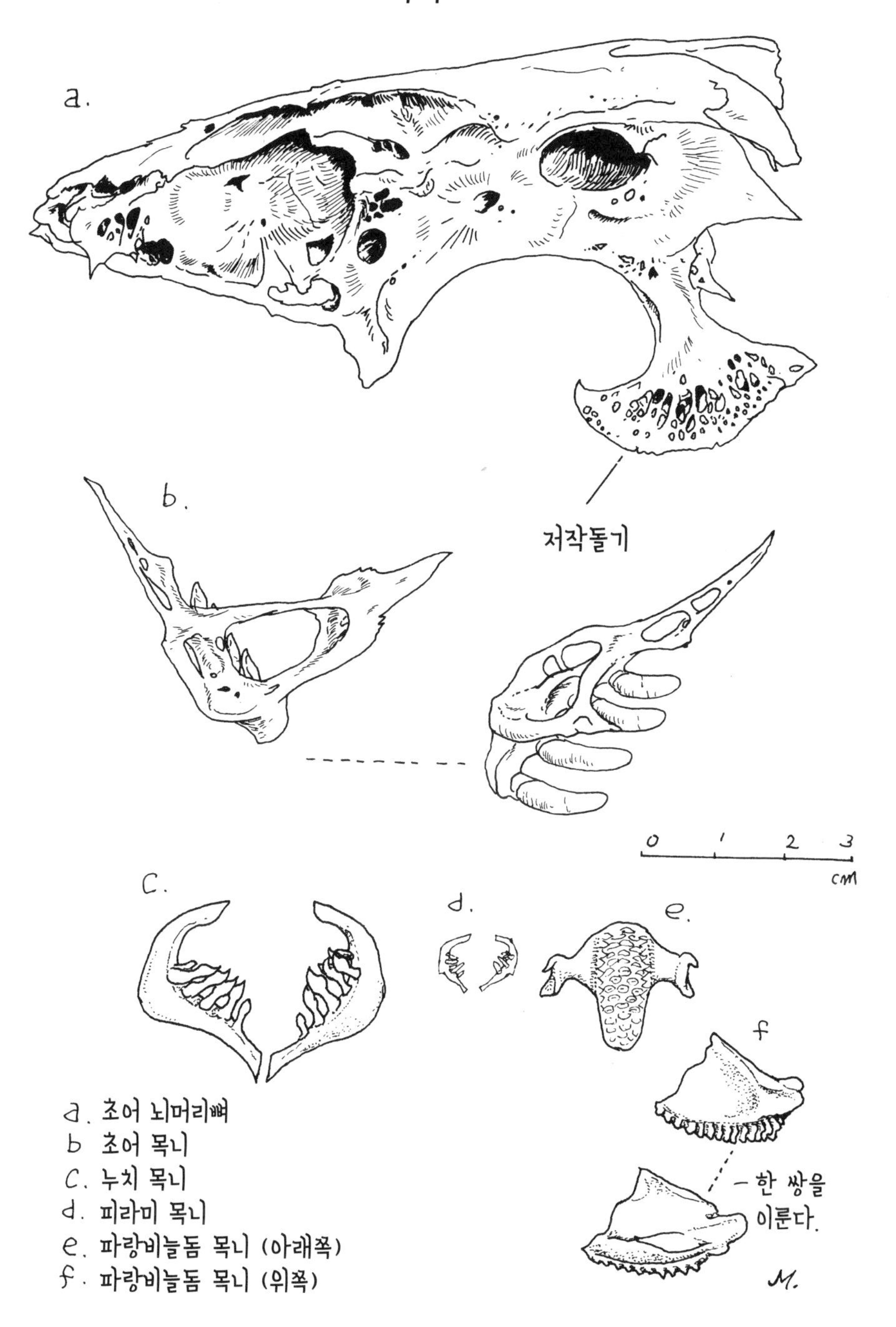
a.
저작돌기
b.
0 1 2 3
cm
c.
d.
e.
f
한 쌍을 이룬다.
M.
a. 초어 뇌머리뼈
b 초어 목니
c. 누치 목니
d. 피라미 목니
e. 파랑비늘돔 목니 (아래쪽)
f. 파랑비늘돔 목니 (위쪽)

귓속돌

모리구치 미쓰루

"바닷가에 갔더니 상어가 떠내려와 있었어. 줍기 힘든 거라 상어 입을 가져오고 싶었는데, 떠내려온 지 오래되어 근육이 딱딱하게 굳어져서 떼어 낼 수가 없잖아."

야스다가 이빨을 통째로 드러낸 상어 사진을 보여 주면서 말했다. 나도 야스다도 사진만 보고 한눈에 어떤 상어인지 알 수 있을 만큼 물고기에 대해 잘 알지는 못한다. 그러나 토모키는 사진을 보자마자 말했다.

"청상아리예요."

이번에는 상어의 사진을 보았지만 토모키는 원래 이빨만 봐도 상어의 종류를 안다. 바닷가 선물 가게에 가면 입을 쩍 벌리고 이빨을 드러내고 있는 상어 입을 판다고 한다.

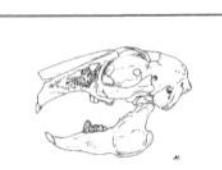

"저번에 이시가키섬에 갔을 때요, 상어 입을 팔고 있는데 그중에 아직 어린 백상아리 입이 있는 거예요. 그거 굉장히 귀한 거거든요……."

토모키가 기뻐서 이렇게 주절주절 떠드는 것을 본 적이 있다. 내 눈에는 모두 똑같은 상어 입이지만 때로는 그중에 귀한 상어 입도 섞여 있는 모양이다.

그러나 이런 경우는 어디까지나 드문 일이고 토모키나 다른 아이들은 수산물 시장의 상어 지느러미 업자에게 가서 상어를 토막 내는 일을 돕고 그 대가로 상어의 턱을 얻어 오곤 한다. 아이들은 상어 화석에 관심이 많아 서로 비교해 보기도 하는데, 그러면서 지금의 상어도 함께 조사한다고 한다.

화석은 일부분만 남게 되는데, 특히 딱딱한 부분만 남게 되는 것이

바닷가로 떠내려와 미라가 된 청상아리. 다테야마시에서 발견했다.

다. 상어는 연골 어류라 화석이 잘 남지 않는 편이다. 경골 어류인 잉어도 주로 발견되는 것은 앞에서 이야기한 목니이기 때문에 민물고기 화석을 연구하는 사람은 잉어의 목니만 보고 어떤 잉어인지 한눈에 알아야 한다.

나는 낚시를 하지 않으므로 민물고기의 목니를 비교하며 조사할 일도 없고, 상어 지느러미 업자에게 가서 상어의 턱을 얻어 올 배짱도 없다. 화석을 조사하는 사람도 아니니 꼭 그렇게 해야 할 필요도 없다. 그러나 이렇게 화석에 의지할 수밖에 없는 특수한 부분에 대해서 어느 것 하나를 혼자 열심히 비교하며 연구한 적이 있었다.

언젠가 대학 친구 결혼식에 갔는데 피로연에 도미구이가 나왔다. 그런데 지독하게 맛이 없어 한 입 먹고는 도저히 먹을 기분이 나지 않았다. 나는 도미를 잘 싸서 집으로 가져와 뼈를 발라내기로 했다. 도미의 머리뼈에서 살을 발라내는데, 뇌머리뼈(물고기 머리에서 가장 크고 뇌가 들어 있는 부분)의 눈구멍 뒤에 얇은 뼈로 싸여 튀어나와 있는 무언가를 발견했다.

이 안에 무엇이 들어 있을까 고민하다 귓속돌이 있을 자리라는 것을 생각해 냈다. 시험 삼아서 싸고 있는 얇은 뼈를 핀셋으로 부수어 보았더니 그 속에서 생각보다 훨씬 커다란 귓속돌이 나왔다. 하얗고 딱딱하고 납작한 게 제법 운치 있게 생겼다.

귓속돌은 물고기마다 생김새가 다르다. 반대로 말하면 귓속돌만 보아도 어떤 물고기인지 알 수 있다는 뜻이다. 이런 이유 때문에 귓속돌도 화석 연구의 중요한 대상이 된다.

내가 귓속돌에 한창 빠져 있을 때 참고한 책은 《부모와 자녀의 화

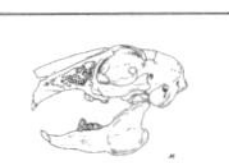

상어 이빨

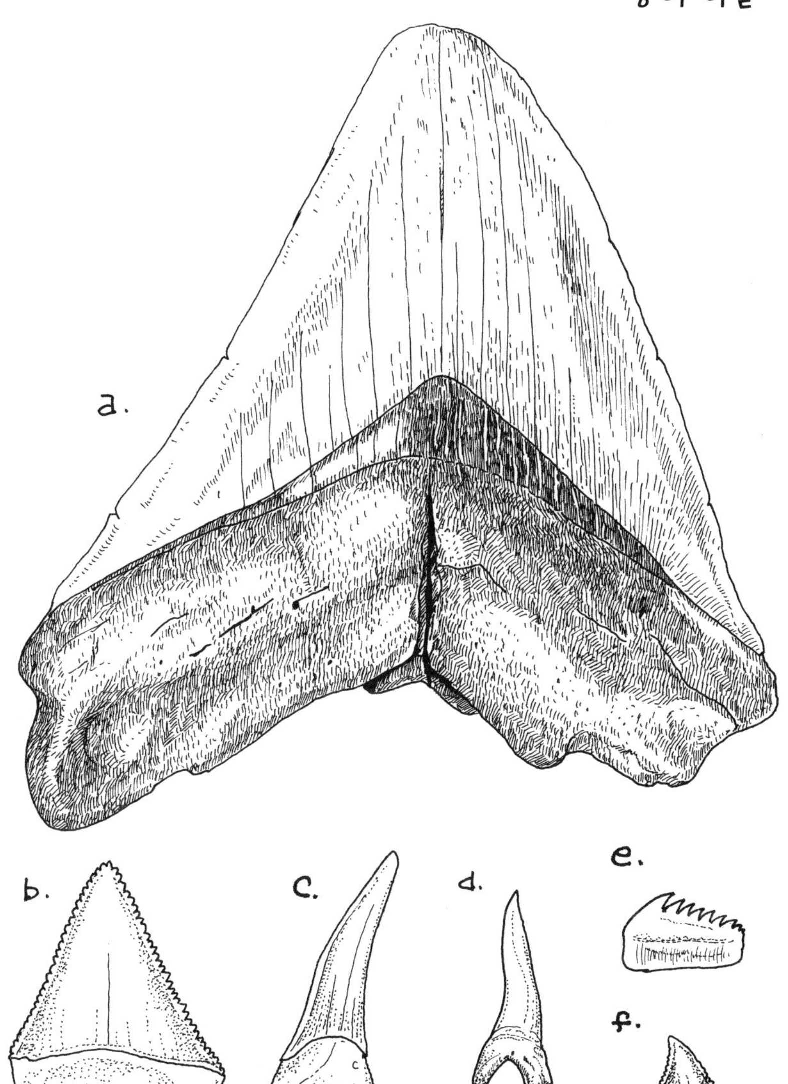

a. 메갈로돈 (화석)
b 백상아리 (화석)
c. 청상아리 (화석)
d. 청상아리 (현생)
e. 여섯줄아가미상어 (현생)
f. 흉상어 (화석)

M.

석 탐정단》으로, 이 책에 등장하는 화석 연구자는 귓속돌 화석을 식별하기 위해 대략 500종의 물고기를 직접 조사해 귓속돌 도감을 만들어 냈다고 한다.

500종까지는 힘들겠지만 나도 그때부터 귓속돌을 모으기 시작했다. 당장 생선 가게로 가서 보구치를 사서 먹었다. 보구치의 귓속돌은 제법 멋지게 생겼다.

홋카이도에서 대구의 귓속돌을 여러 개 붙여 만든 바다표범 모형 장식품을 파는 것을 본 적이 있다. 호시노 선생도 나의 귓속돌 수집에 자극을 받아 나보다 더 열심히 귓속돌을 모아(호시노 선생과 내가 같은 식탁에 앉으면 쟁탈전이 시작된다) 좋아하는 사람에게 귀걸이를 만들어 선물하기도 했다. 무엇보다 상어의 이빨과 달리 식탁에서 간단하게 모을 수 있다는 것이 장점이다.

그런데 귓속돌이란 무엇일까? 좀 더 설명을 덧붙이겠다. 롤러코스터는 무섭기도 하지만 속이 울렁거린다고 하는 이들도 있다. 또 배를 타면 멀미를 하는 사람들도 많다. 이것은 평형감각이 흐트러져 일어나는 현상이다. 사람이 평형감각을 유지할 수 있는 이유는 귓속돌이 작용하기 때문이다. 어떻게 몸이 기울어지는 것을 감지할 수 있을까 한번 생각해 보자.

사람의 속귀 속 전정기관(안뜰기관) 감각세포 위에는 젤리 상태의 물질이 얹혀 있고 그 위에 작은 돌이 놓여 있다(인간의 귓속돌은 작기 때문에 평형모래라고 한다). 이 돌은 중력 때문에 끊임없이 아래쪽으로 힘을 받고 있어 몸이 기울어지면 젤리 상태의 물질과 돌이 어긋나게 되는데, 이 둘이 어긋나면 이를 감각세포가 인지한다.

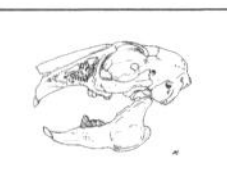

물고기의 귓속돌은 사람보다 훨씬 크고 속귀의 전정기관 속에 떠 있는 것같이 보인다. '돌'이라는 이름이 붙어 있지만 귓속돌의 성분은 탄산칼슘의 결정으로 이루어져 있다(뼈는 인산칼슘). 사람을 비롯하여 대부분의 동물은 작은 결정 그대로 있지만 물고기는 나이를 먹으며 결정이 성장하여 점점 커진다. 그 때문에 물고기 나이를 조사할 때 귓속돌을 이용하기도 한다. 물고기의 귓속돌이 사람과 비교하여 큰 이유는 나이가 들면서 함께 커지기 때문이다.

그러나 무엇 때문에 물고기의 귓속돌이 나이를 먹으면서 커지는지는 잘 모르겠다. 게다가 물고기라고 귓속돌이 모두 큰 것은 아니라는 점이 또 이상하다. 다랑어는 머리가 커서 귓속돌도 클 것 같지만 귓속돌이 어디에 있는지 찾아볼 수 없을 정도로 작다. 다랑어뿐 아니라 전갱이와 방어도 마찬가지다. 조사해 보면 고등어는 다 성장하여도 귓속돌의 길이가 불과 2밀리미터이다(도미는 11밀리미터, 대구는 20밀리미터). 책에는 파도의 영향이 큰 곳에서 사는 물고기는 귓속돌이 크고, 별로 움직이지 않는 저서어류의 귓속돌도 크다고 쓰여 있다.

그런 점에서 보면 언제나 헤엄치고 있는 다랑어의 귓속돌이 작은 것은 당연한 일인지도 모른다. 하지만 그건 왜 그런 것이냐고 또 물으면 답이 막힌다. 앞으로도 귓속돌을 좀 더 모아 그 수수께끼를 풀어 봐야겠다.

상어는 이빨을 보고 어떤 종인지 알 수 있다고 토모키는 말했다. 귓속돌도 그 형태를 보고 어떤 종인지 알 수 있다. 그런데 왜 이 귓속돌도 어종마다 다 다른 것일까? 생물을 쫓아가다 보면 반드시 만나게 되는 기묘한 다양성과 유쾌함과 즐거움이다. 이번에도 예외는 아니

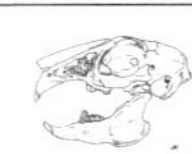

귓속돌 1

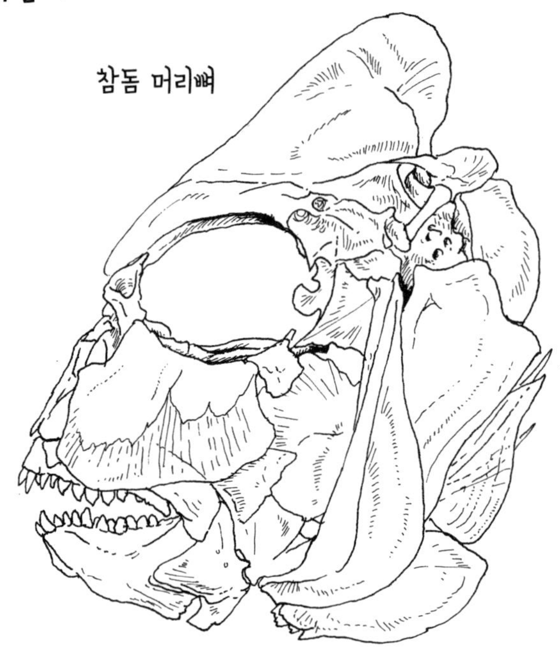
참돔 머리뼈
M.

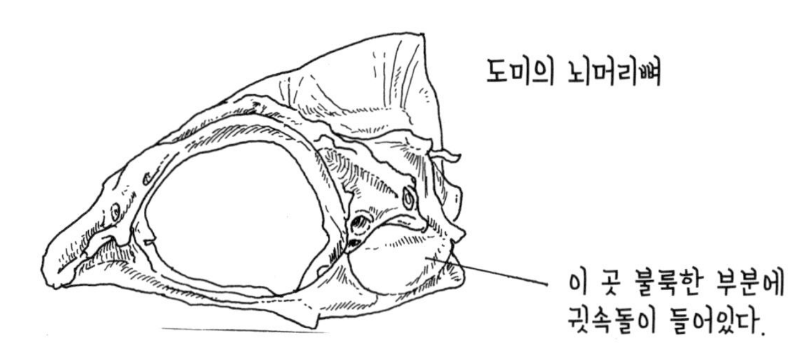
도미의 뇌머리뼈
이 곳 불룩한 부분에
귓속돌이 들어있다.

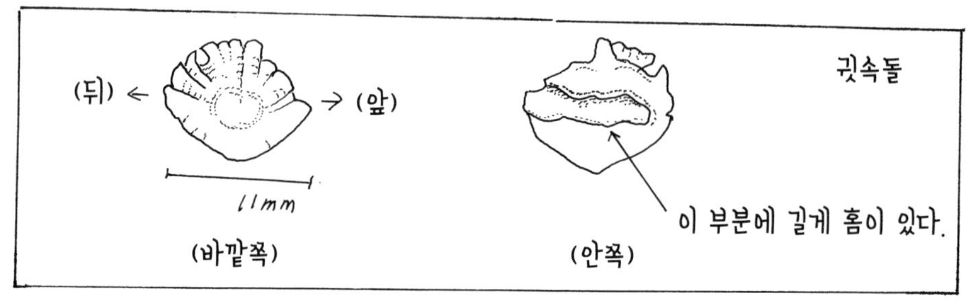
귓속돌
(뒤) ←
→ (앞)
11mm
(바깥쪽)
(안쪽)
이 부분에 길게 홈이 있다.

귓속돌 2

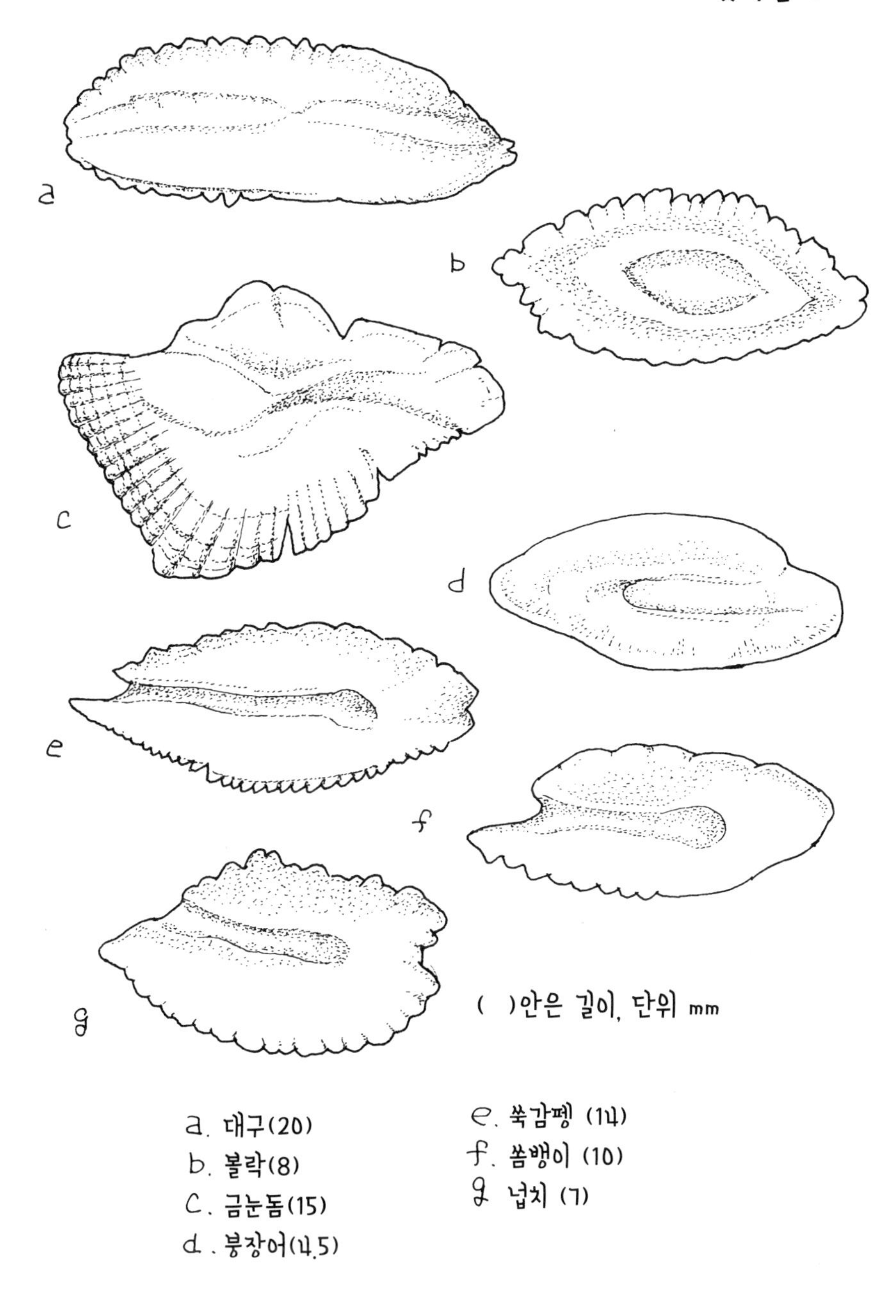

( )안은 길이, 단위 mm

a. 대구(20)
b. 볼락(8)
c. 금눈돔(15)
d. 붕장어(4.5)
e. 쑥감펭 (14)
f. 쏨뱅이 (10)
g. 넙치 (7)

※ b는 바깥쪽, a.c~g는 안쪽

M.

었다.

토모키도 졸업이 가까워져 왔다. 미노루는 졸업하기 전에 프라이드치킨의 뼈로 골격 표본을 만들어 모두를 놀라게 했는데, 토모키 역시 졸업을 앞두고 우리를 놀라게 했다. 학교에 이런 광고를 낸 것이다.

〈상어 이빨 감정해 드립니다.〉

책상 속에 상어 이빨이 굴러다니고 있거나 상어 이빨로 만든 펜던트를 가지고 있다면 어떤 상어인지 감정해 주겠다는 것인데, 도대체 이런 광고를 보고 감정을 부탁할 사람이 누가 있을까 의문이 들었다. 졸업 후에 토모키를 만났다. 반쯤은 놀릴 생각으로 그 광고를 보고 감정을 부탁한 사람이 있는지 물어보았다.

"두 사람 있었어요."

토모키가 태연한 얼굴로 대답했다.

역시 사람의 다양성도 생물의 다양성에 뒤지지 않는다.

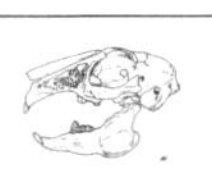

쇠향고래의 이빨

모리구치 미쓰루

졸업한 토모키가 학교에 불쑥 나타났다. 여느 때와 마찬가지로 책상에 앉아 정신없이 일하다 문득 고개를 들어 보니 옆 소파에 조용히 앉아 기다리고 있었다.

"토모키가 이바라키의 바닷가에서 고래를 주웠대. 아래턱뼈를 가져왔는데, 제법 가늘다고 하네."

얼마 전에 야스다가 이런 말을 했을 때 '고래를 주워? 들쇠고래일까? 하지만 미노루가 들쇠고래를 가져왔을 때 아래턱뼈가 그렇게 가늘지 않았는데.' 생각했다. 그런데 마침 토모키가 찾아왔으니 소문이 사실인지 물어보았다.

"꼬마향고래였어요."

토모키가 지극히 당연하다는 듯이 대답했다. 대답도 대답이지만

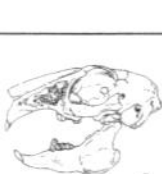

꼬마향고래라는 희귀한 고래의 이름이 막힘 없이 나오다니 놀라운 일이었다.

"나도 전에 치바의 바닷가에서 쇠향고래인지 꼬마향고래인지 정확히 알 수 없는 고래가 올라와 있는 걸 봤는데……."

내가 그렇게 이야기를 시작하자 토모키는 지지 않고 말했다.

"제가 주운 건 아래턱에 있는 이빨을 세어 보니 꼬마향고래였어요."

이상하게도 토모키는 이렇게 자신 있게 말하고 나서 잠시 뒤 쇠향고래라고 정정했다.

토모키의 이야기를 들어 보니, 내가 전에 꼬마향고래가 밀려 올라온 것을 보았다고 이야기한 것이 발단이었다. 나는 반년 전 치바 남쪽의 바닷가에서 우연히 물에 떠밀려 온 꼬마향고래의 사체를 발견했다. 꼬마향고래는 사람들에게 그다지 친숙하지 않은 동물이다.

고래는 수염고래와 이빨고래 두 종류로 나뉜다. 이빨고래는 전 세계에 6개 과 67종이 알려져 있다. 돌고래도 이빨고랫과에 속하며, 향고랫과의 세 종도 여기에 속해 있다.

향고래는 머리 부분이 튀어나온 독특한 모습을 한 고래이고, 수컷이 15미터, 암컷이 11미터 크기이다. 반면 같은 향고랫과에 속하는 꼬마향고래와 쇠향고래는 몸길이가 각각 2.7미터와 3.7미터로 제법 작다.

나는 처음 모래사장에 밀려 나온 사체를 보고 분명히 돌고래의 일종일 것이라고 생각했다. 하지만 가까이 가 보니 돌고래와 달리 입이 튀어나오지 않았다. 입은 몸 아래쪽에서 꾹 다물고 있었고 이마 주변이 툭 튀어나와 있었다. 쇠향고래와 꼬마향고래는 서로 비슷하지만

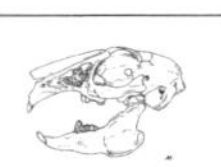

꼬마향고래

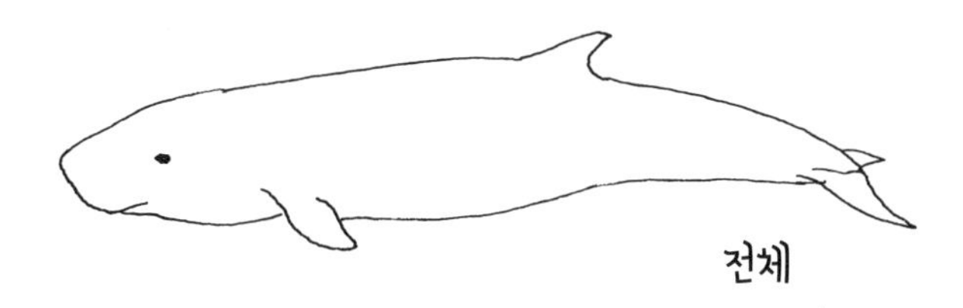

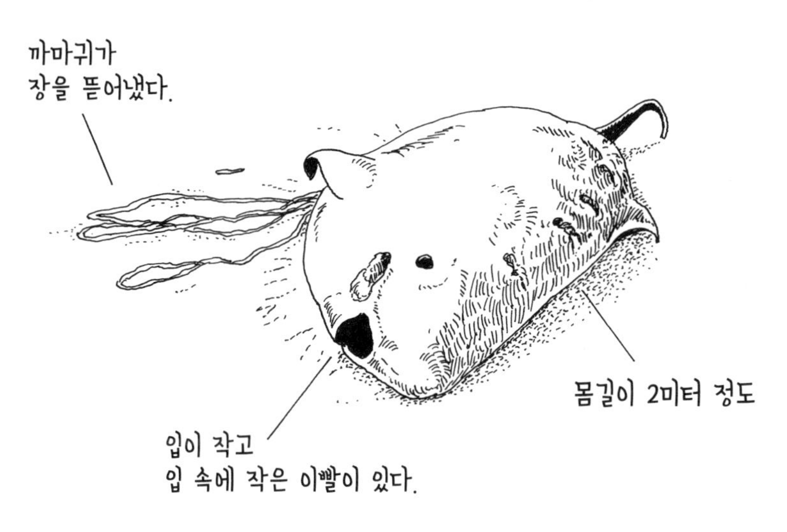

• 치바현 다테야마시 해안에 떠내려온 것

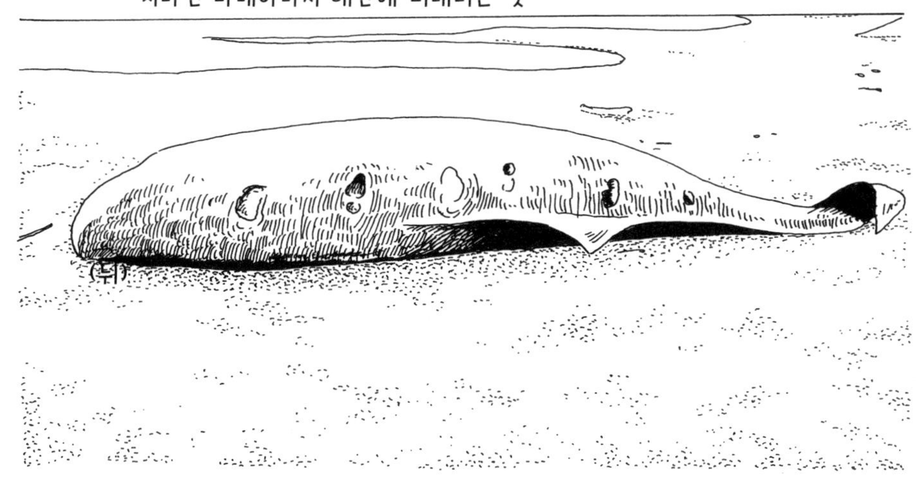

내가 본 고래는 몸길이가 2미터 정도였고 등지느러미 모양으로 보아 꼬마향고래가 아닐까 추정해 보았다.

책에서 본 적은 있지만 쇠향고래의 실물을 보는 것은 처음이었다. 향고래의 일종이라지만 갑작스럽게 쇠향고래를 보게 되니 믿어지지가 않았다. 책을 다시 뒤져 보니 개체수가 적지는 않지만 상업적으로 잘 이용되지 않으며 수족관에서도 잘 키우지 않아 사람들에게 친숙하지 않은 종이고, 바다에서도 잘 관찰되지 않는다고 했다.

단, 예전보다는 바닷가에 떠내려왔다는 기록이 많아졌다. 꼬마향고래는 와카야마 이남, 쇠향고래는 태평양 연안에서 미야기 이남에 떠내려온 기록이 있다. 즉 남방계 소형 고래라는 얘기다. 토모키는 내가 우연히 꼬마향고래를 보았다는 얘기를 듣고 직접 찾아 나섰던 것이다.

"그러면 쇠향고래를 주우려고 간 거야?"

"그냥 아무 생각 없이 갔어요. 혹시 있을까 해서요. 그런데 그게 적중한 거예요."

그 대답을 듣고 벌린 입을 다물 수 없었다.

토모키가 발견한 쇠향고래의 사체는 몸이 절반만 남아 지느러미도 모두 떨어지고 없었다. 하지만 살은 아직 온전했고, 몸 표면에 갈라진 흔적이 남아 있는 것으로 보아 아마도 그물에 걸려 죽은 것 같다고 했다.

토모키는 가지고 온 봉지 속에서 정성스럽게 싼 신문지를 펼쳐 쇠향고래의 커다란 턱 좌우 한 쌍을 꺼내 보여 주었다. 머리뼈에서 꺼낸 귀뼈와 번호 라벨을 하나하나 붙인 이빨도 있었다.

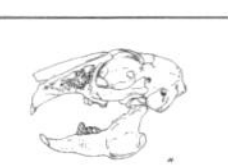

"턱이 얇지요? 아래턱뼈가 빠질 것 같아 벌렸다 닫았다 반복했더니 툭 소리가 나면서 관절 부분이 부러졌어요. 안 그랬으면 힘들더라도 머리를 전부 가지고 돌아올까 생각했는데."

신선한 사체는 냄새가 나지 않지만, 살을 제거하고 뼈를 꺼내는 작업이 상당히 어렵다. 그리고 다른 대형 고래나 돌고래는 귀뼈가 머리뼈에서 분리되지만 쇠향고래는 귀뼈가 머리뼈에 완전하게 붙어 있다. 결국 토모키는 톱으로 머리뼈 일부를 잘라서 귀뼈를 꺼내 왔다.

"용케 톱을 가지고 있었네?"

"네, 역에 내렸는데 바닷가로 가기 전에 왠지 톱을 사야 할 것 같은 기분이 들더라고요."

정말 이상한 녀석이다. 토모키는 직감과 함께 통찰력이 있어서 이바라키의 바닷가에서 쇠향고래의 뼈를 주울 수 있었다. 이곳은 쿠로시오 해류가 바다로 흘러 남방계 표착물이 가끔씩 흘러들곤 한다.

어쨌든 토모키의 수고 덕분에 나는 쇠향고래의 이빨을 처음으로 보게 되었다. 쇠향고래의 이빨은 매우 특징 있게 생겼다. 마치 뿔조개처럼 생겼는데, 흰색에 가늘고 긴 활 모양으로, 치아뿌리 부분이 넓어 안의 치수공간(치아 속의 빈 공간)이 훤히 들여다보인다.

예전에 주웠던 들쇠고래와 돌고래의 이빨은 곧고 치아뿌리는 점점 가늘어져 치수공간도 보이지 않았다. 전에 가게에서 산 향고래의 이빨은 이 쇠향고래의 이빨처럼 완만하게 휘고 치아뿌리 부분이 넓어 치수공간이 컸다.

향고래의 이빨은 쇠향고래의 이빨보다 훨씬 크다. 이빨의 기능 역시 쇠향고래와 전혀 다르다. 특히 암컷은 이빨이 잇몸 속에 거의 묻혀

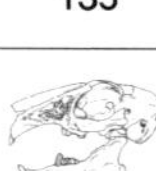

있다. 이빨은 본래 먹이를 먹을 때 사용하지만 향고래는 씹지 않고 먹이를 통째로 삼키기 때문에 이빨을 사용하지 않는다. 수컷의 아랫니는 잇몸에 묻혀 있지 않지만 이것도 주로 수컷끼리 싸울 때 사용한다. 이렇듯 향고래는 이빨을 특수하게 사용하지만 쇠향고래는 그렇지 않은 것 같다.

나는 치바에서 꼬마향고래를 발견했을 때 사진을 찍고 입 속을 들여다보며 이빨을 만진 것이 고작이었다. 그렇다 보니 책에서 얻을 수 있는 지식에서 벗어나지 못했다. 향고래와 쇠향고래도 직접 느껴 보지 못하고 책 속의 존재에 그쳤는데, 토모키가 쇠향고래의 이빨을 보여 줌으로써 비로소 실감할 수 있었다. 더 나아가 향고래 자체에 대해서도 흥미를 갖게 되었다.

그런 토모키에게 감사의 뜻으로 향고래의 이빨을 선물했다. 꽤 오래전에 수소문해서 구입했다가 교무실 책상 서랍에 굴러다니던 것이었다.

"아, 그렇다면 저도 드릴게요."

토모키는 선물을 받자 그 답례로 가방에서 잽싸게 무언가를 꺼내 나에게 주었다.

"불가사리 화석이에요. 이거 무척 귀한 거예요."

당돌한 선물에 다시 말문이 막히고, 이런 이상한 거래에 혼자 피식 웃었다.

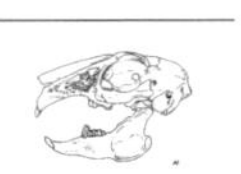

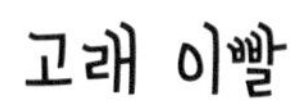

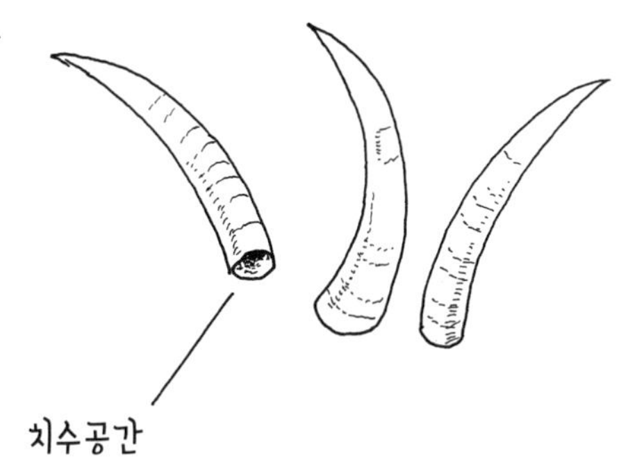

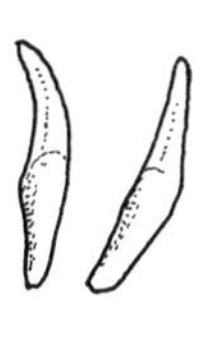

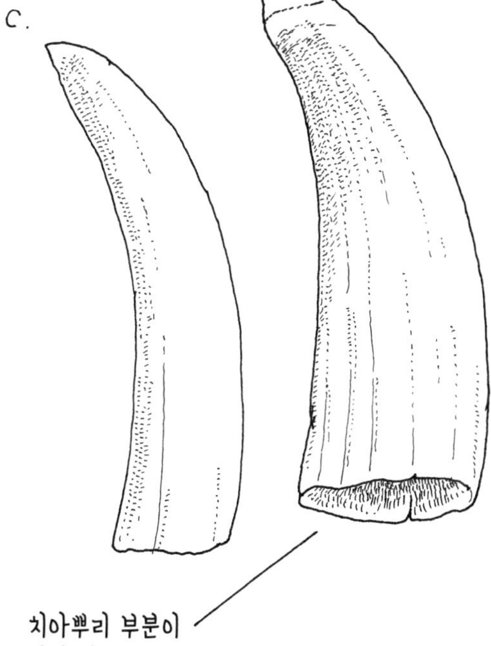

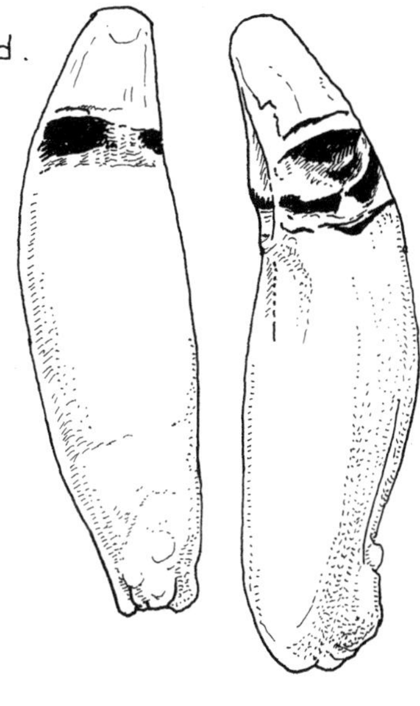

a. 쇠향고래
b. 돌고래 류
C. 향고래
d. 들쇠고래 류

M.

일각돌고래의 뿔

야스다 마모루

"야스다 선생님의 아들 이름이 뭐였더라……. 삼각이? 사각이였던가요?"

가끔 이런 말을 듣는다. 재미있는 착각이다. 우리 아들의 이름은 '일각'이다. 조금 특이한 이름이기는 하다.

"둘째 아이가 태어나면 이각인가요?"

라고 묻는 사람도 있다. 다행스럽게 아이는 하나뿐이다. 아이 이름은 일각돌고래의 일각에서 따온 것이다. 한자로는 '一角'이라고 쓰는데, 이름을 지을 때 장인어른과 장모님도 옛날 훌륭한 무사의 이름 같다며 마음에 들어 하셔서 마음속으로 다행이라고 생각했다.

'일각'이라고 하면 일각돌고래보다 오히려 '유니콘'을 떠올리는 사람이 많다. 유니콘은 이마에 긴 뿔 하나가 돋아나 있는 말처럼 생긴

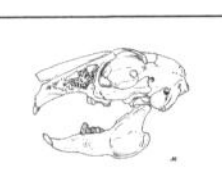

동물이다. 상상 속의 동물임에도 불구하고 아리스토텔레스 시대부터 사람들은 유니콘의 존재를 믿었다.

유니콘의 뿔은 만병통치약으로, 독을 해독하는 강력한 해독제이고 마귀를 쫓는 부적으로도 쓰인 귀중한 보물이었다.

중세 유럽에서는 유니콘의 뿔이 같은 무게의 금보다 스무 배 높은 가치를 가지고 있었다고 한다. 오랫동안 사람들이 유니콘의 존재를 믿어 온 이유는 북극해에 살고 있는 일각돌고래의 뿔이 유럽으로 건너와 유니콘의 뿔로 탈바꿈했기 때문일 것이다.

유니콘의 전설을 뒷받침하는 '뿔'의 진짜 주인 일각돌고래는 몸길이가 5미터에 달하는 이빨고래의 일종이다. 머리에 튀어나와 있는 긴 '뿔'은 사실 뿔이 아니고 입 속에서 자라난 송곳니다. 일각돌고래의 수컷은 자라면서 왼쪽 윗니가 윗입술 밖으로 튀어나와 거대한 송곳니가 된다. 3미터 정도로 자라므로 몸길이의 반 정도가 된다. 반면 오른쪽 이빨은 자라지 않고 묻혀 있다.

아주 드물게 오른쪽 이빨도 자라나 머리 부분에 송곳니 두 개가 튀어나온, '이각돌고래'라고 부르고 싶은 일각돌고래도 있다. 암컷도 수컷과 같은 위치에 이빨이 두 개 있지만 잇몸에 묻혀 평생 자라나지 않는다. 즉 송곳니가 튀어나온 일각돌고래는 수컷이라는 얘기다.

수컷이든 암컷이든 입 속에는 이빨이 모두 두 개이며 어금니에 해당하는 다른 이는 없다. 먹이는 씹지 않고 통째로 삼킨다.

일각돌고래 수컷이 가지고 있는 송곳니의 역할에 대해서는 여러 가지 설이 있다. 먹이를 푹 찌른다, 바다 밑바닥에 찰싹 달라붙어 있는 물고기를 일으킨다, 몸을 지키는 무기로 쓴다, 수컷 과시용이다

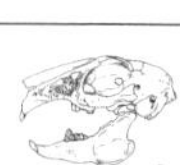

등등 다양하다.

거대한 송곳니는 대부분 수컷에게만 발달하기 때문에(아주 가끔 송곳니가 발달한 암컷도 있으므로 예외는 있지만) 그것은 이차성징으로 과시용이고 수컷끼리 싸울 때 사용한다는 설이 유력하다. 살아 있는 일각돌고래를 본 사람이 있을까? 수족관에 있는 것이라도 말이다.

북극해에 가 보지 못한 사람이라면 일각돌고래를 본 적이 없을 것이다. 왜냐하면 세계 어느 수족관에서도 일각돌고래의 장기 사육에 성공하지 못했기 때문이다. 같은 북극해에 사는 흰고래는 언제부터인지 수족관에서 사육되고 있는데, 살아 있는 일각돌고래는 서식지인 북극해에 가지 않으면 볼 수 없다. 골격 표본은 우에노 국립과학박물관에 송곳니가 붙은 수컷이 전시되어 있다.

막부의 쇄국정책으로 외국과의 무역이 제한되었던 에도시대부터 20세기까지 상당수의 일각돌고래 송곳니가 일본에도 들어온 듯하다. 이 송곳니는 만병통치약과 해독제로써 뛰어난 효과를 가졌다고 사람들은 믿었다. 집안 대대로 내려온 전국의 약국에는 일각돌고래의 송곳니가 반드시 있었던 것 같다.

가와고에시에서 대대로 약국을 경영해 온 어떤 사람이 민속 자료관을 열었는데, 일각돌고래의 송곳니가 전시되어 있다고 해서 가 보았다. 에도시대 상인들이 많던 가와고에시에는 중후한 흙벽으로 지은 집들이 지금도 많이 있다. 그 길을 따라 작은 자료관이 있었다. 신발 가게와 약국이었던 당시의 모습을 보여 주는 사진과 낡은 약 광고 간판, 장사 도구도 전시하고 있었다. 소도구가 진열된 유리 진열장 안에 상어 가죽과 코뿔소 뿔이 보였다. 이들 틈에 섞여 하얀 상아가

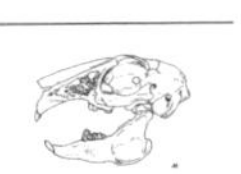

놓여 있었다. 바로 일각돌고래의 송곳니였다. 원래는 길었을 텐데 잘려 있었다.

송곳니 앞에는 〈일각돌고래(불로장생, 난치병, 해독의 묘약)〉라는 설명이 붙어 있었다. 진열장에서 꺼내어 볼 수 있도록 배려해 주어 직접 만져 보니 제법 묵직했다. 길이 28센티미터, 굵기는 굵은 쪽 3센티미터에 끝 쪽 2.5센티미터로, 표면에 나선 모양으로 홈이 파여 있었다. 잘린 단면은 가운데가 뻥 뚫려 있었는데, 나중에 조사해 보았더니 살아 있을 때는 여기에 치아 내부 조직이 모여 있다고 한다.

"약국 안에서 이것을 찾았을 때 처음에는 뭔지 몰랐어요. 나중에 일각돌고래의 송곳니라는 것을 알았지요."

일각돌고래의 송곳니는 상어 가죽과 함께 천에 돌돌 말려 보존되고 있었다. 상어 가죽을 사포로 사용하여 송곳니를 깎아 그 분말을 약으로 쓴 것이다. 그러고 보니 송곳니의 단면에 비스듬히 문질러 생긴 듯한 무늬가 있었다.

"무척 비쌌던 것 같은데 효과는 있었을까요?"

안타깝게도 언제 어떤 경로로 일각돌고래의 송곳니가 이 약국으로 왔는지는 정확히 알 수 없었다. 약국이 언제 문을 열었는지 물어보니 1882년이라고 했다. 적어도 그때는 일본에서 일각돌고래의 송곳니가 유통되었다는 이야기다. 지금 눈앞의 유리 진열장 안에 놓인 이 송곳니는 도대체 얼마나 많은 사람의 손을 거쳐 북극해로부터 일본 가와고에시의 약국까지 오게 된 것일까?

일각돌고래의 송곳니는 약으로 쓰였을 뿐 아니라 건물과 가구의 화려한 장식품으로도 사용되었다. 일각돌고래에 관한 책을 읽다가 '일

본 다카마쓰 왕비의 다카나와 저택 입구에 유니콘의 뿔을 장식해 두었다.'라는 문장을 발견했다. 그것은 언제 어떤 경로로 옮겨진 것일까?

고심 끝에 황실 관련 사무를 담당하는 궁내청에 전화를 걸어 보았다. 담당자와 연결되자 어떤 얘기부터 해야 할지 망설여졌다.

"저, 일각돌고래에 대해 관심을 가지고 조사하고 있는데요……."

"네? 일각돌고래요?"

"다카나와 저택 입구에 일각돌고래의 송곳니가 장식으로 걸려 있다고 들었는데 그것을 좀 볼 수 있을까 해서요."

"그곳은 개인 거주지라 관람은 불가능합니다."

당연히 그럴 것이다.

다카나와 저택에 관한 자료는 거의 없다. 그저 다카나와 저택이 언제 지어졌는지만 알 수 있었다.

"이 자료에서는 1973년이라네요. 알 수 있는 건 그것뿐입니다."

그곳에 있는 일각돌고래의 송곳니는 생각했던 것보다 훨씬 최근에 가져온 듯했다.

일각돌고래의 송곳니는 왜 이렇게까지 사람들의 마음을 강하게 끌어당기는 것일까? 오늘날에는 유니콘의 뿔이 북극해에 사는 일각돌고래의 송곳니라는 사실이 알려졌지만, 사람들은 여전히 송곳니와 그 주인인 일각돌고래에 매료된다.

캐나다 배핀섬 북쪽 랭커스터 해협은 일각돌고래의 서식지로 유명하다. 초여름에 수많은 일각돌고래들이 물고기와 오징어, 문어, 갑각류 등의 풍부한 먹이를 찾아 랭커스터 해협으로 몰려든다.

일각돌고래도 고래의 일종이므로 물속에 오래 잠겨 있으면 질식해

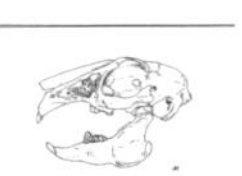

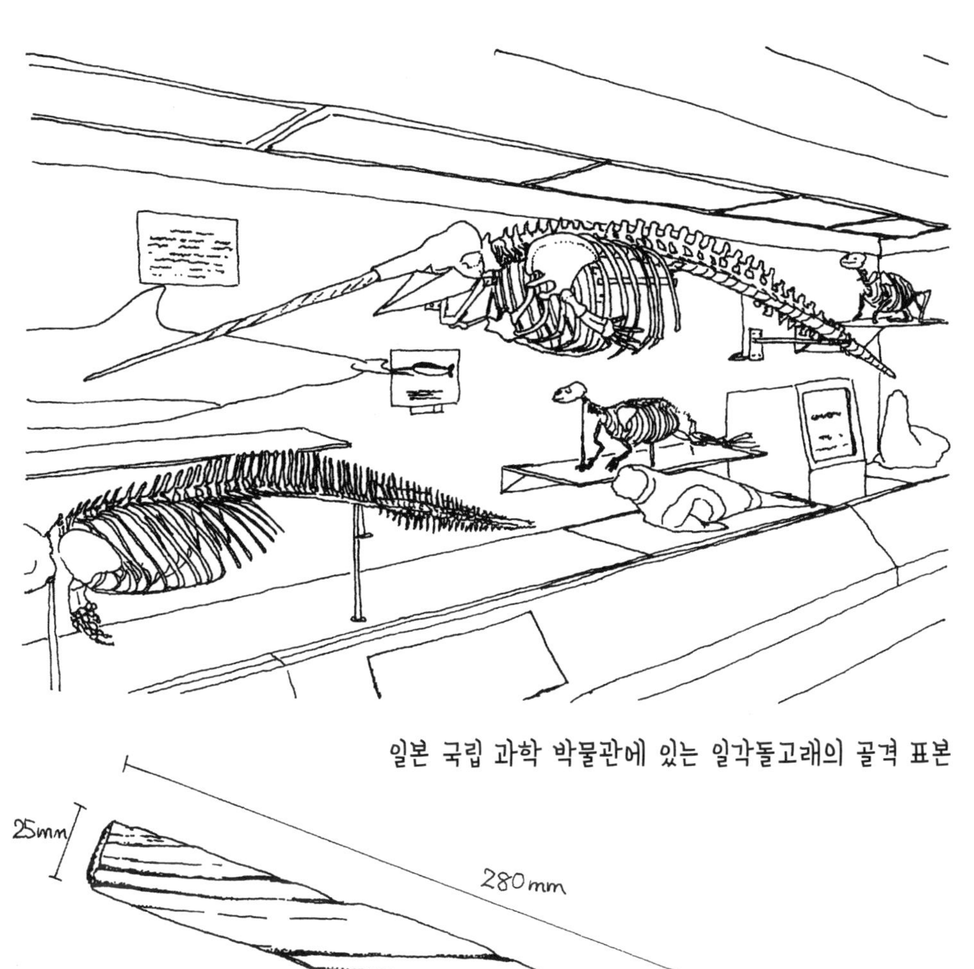

일본 국립 과학 박물관에 있는 일각돌고래의 골격 표본

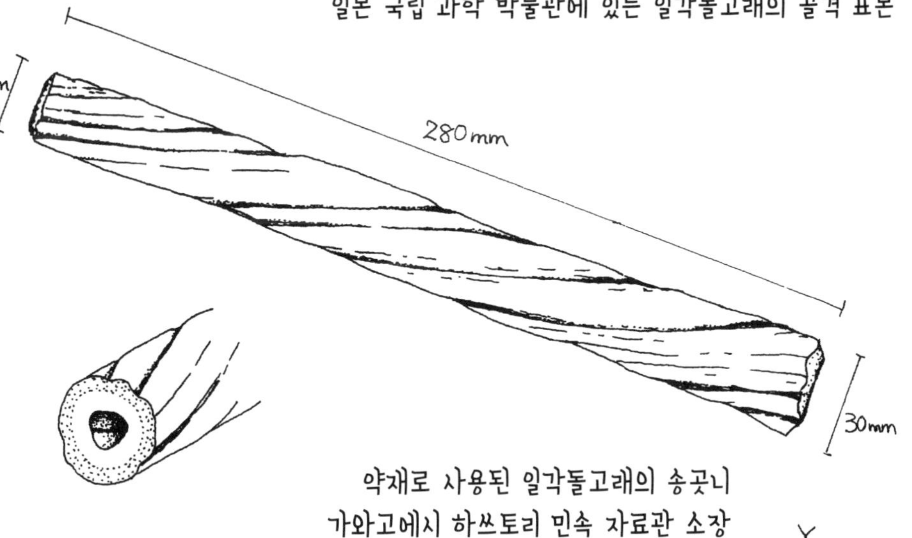

약재로 사용된 일각돌고래의 송곳니
가와고에시 하쓰토리 민속 자료관 소장

Y.

서 죽는다. 숨을 쉬려면 얼음이 없는 수면 위로 떠올라야 한다. 겨울 동안에는 이 주변이 얼음으로 덮이기 때문에 다른 곳에 가 있지만, 초여름 두꺼운 얼음이 갈라지고 가늘고 긴 해수면이 나타나는 계절이 되면 일각돌고래들이 다시 랭커스터 해협으로 찾아온다.

이곳의 원주민인 이누이트는 갈라진 얼음 끝에 서서 고래를 기다리다가 수면 위로 올라오는 일각돌고래를 잡았다. 우리 아이의 이름을 따온 매우 개인적이고도 소중한 인연이 있는 이 이상한 송곳니를 가진 일각돌고래를 보기 위해 나는 언제가 될지 모르겠지만 초여름 랭커스터 해협 얼음 끝으로 꼭 한번 가 보고 싶다.

일각돌고래 수집품

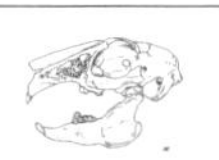

3

족발로
골격 표본 만들기

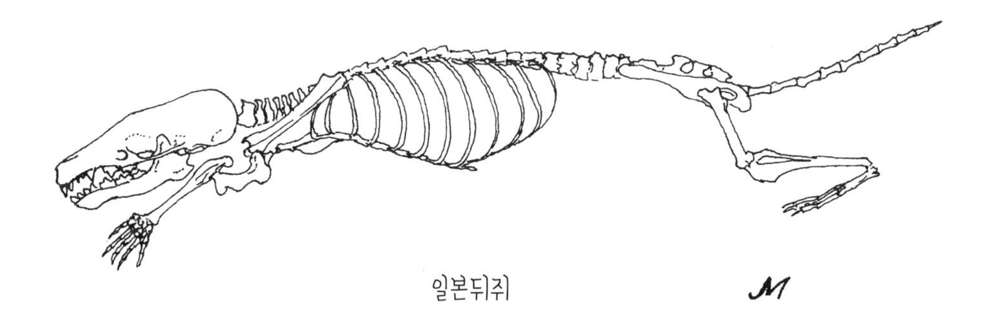

일본뒤쥐

두꺼비 골격 짜기

야스다 마모루

어느 날 우리 반 학생 미라이가 비닐봉지 하나를 들고 와서 말했다.

"우리 집 정원에 죽어 있었어요."

비닐봉지를 열어 보니 두꺼비 한 마리가 들어 있었다. 웅크리고 앉은 채로 흔히 개구리를 볼 때 볼 수 있는 자세 그대로 죽어 있었다. 외상이 눈에 띄지 않는 것으로 보아 차에 치인 것은 아니고 사인을 알 수 없었다.

어쨌든 골격 표본을 만들어 보기로 했다. 그때까지는 가끔씩 새의 골격 표본을 만들어 본 걸 제외하면 주로 포유류의 골격 표본만 만들어 왔기 때문에 양서류는 미지의 분야였다.

골격 표본을 만들려면 사체에서 가죽과 근육, 내장과 같은 부드러운 조직을 떼어 내고 뼈를 꺼내어(이 단계를 우리는 뼈 바르기라고 부른다)

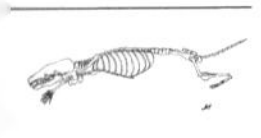

다시 뼈 하나하나를 서로 이어서 한 마리로 짜 맞추어야(이 단계를 우리는 뼈 잇기라고 부른다) 한다.

뼈를 바르는 방법은 여러 가지가 있는데, 우리는 기본적으로 '익히는 방법'을 이용한다. 뜨거운 물에 넣고 긴 시간 끓인 후 살을 떼어 내는 것이다. 미라이가 가지고 온 두꺼비도 늘 그랬듯이 해부를 하고 냄비에서 익혀 살을 떼어 냈다.

그런데 뼈를 하나하나 떼어 내면서 점점 불안해졌다. 그때까지 늘 다루며 익숙해진 포유류의 뼈와는 그 짜임이 전혀 달랐던 것이다. 척추의 수가 적고, 갈비뼈가 붙어 있지 않았다. 처음에는 실수로 갈비뼈를 어디다 빠뜨린 것이 아닐까 하는 의심이 들었다. 포유류를 다루던 감각으로는 갈비뼈가 없는 것이 이상했지만 한편으로는 뼈의 수가 적어 이 부분을 짜 맞출 때 오히려 편했다. 가슴과 어깨 주변 뼈의 모양도 상당히 생소했다.

가장 힘든 것은 머리뼈가 하나로 붙어 있지 않아 조각난 작은 뼈 여러 개를 다시 본래 모양대로 짜 맞추어야 한다는 점이었다. 떼어 내는 동안 꼼꼼히 기록해 두기는 했지만 책상 위에 늘어놓은 머리뼈 조각들을 보고 있자니 다시 짜 맞출 엄두가 나지 않았다.

개구리는 해부 실습에 인기 있는 재료로 많은 책에서 개구리의 해부도를 찾을 수 있다. 하지만 어떤 책에도 '흩어진 두꺼비 머리뼈를 맞추는 방법'은 나와 있지 않다. 끙끙거리며 머리뼈 조각을 하나씩 비교해 보면서 짜 맞추어 나갔다. 생각해 보면 머리뼈가 흩어지는 동물은 개구리를 비롯한 양서류뿐 아니라 어류도 그렇다.

물고기 머리뼈는 앞에 등장한 물고기 마니아 토모키라면 몰라도

두꺼비 골격 짜기 설명서 1

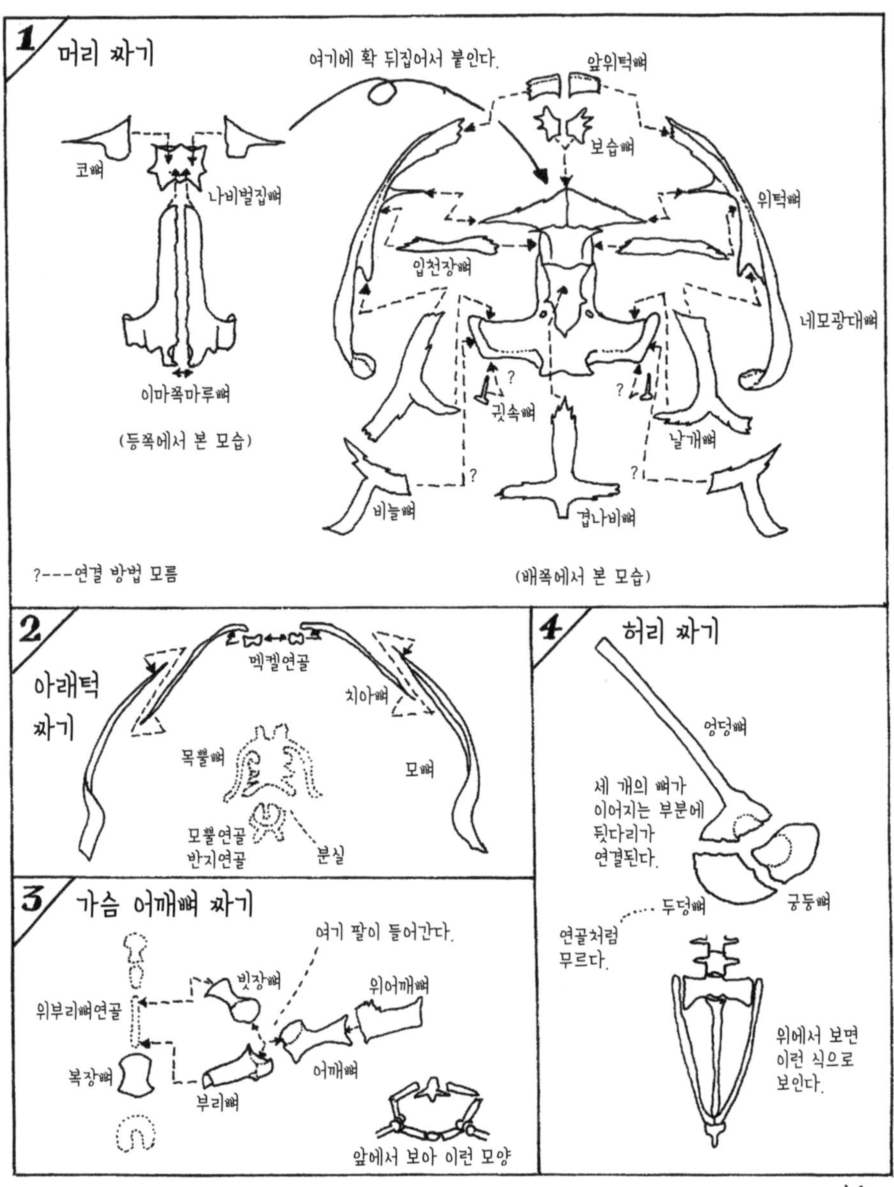

Y.

두꺼비 골격 짜기 설명서 2

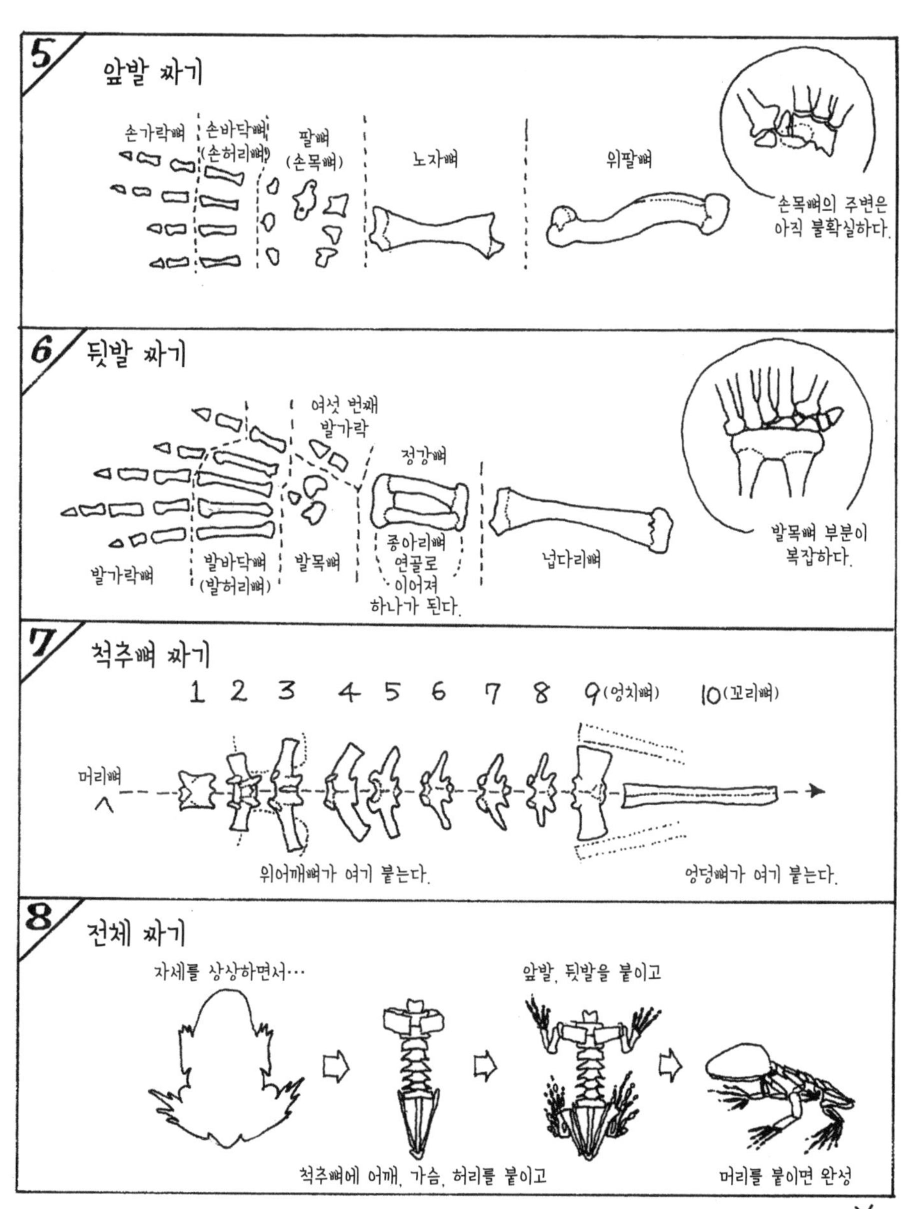

나는 감히 도전할 수 없는 분야다. 뱀 같은 파충류도 상당수가 그렇다. 포유류, 조류의 머리뼈도 하나의 뼈로 되어 있는 것처럼 보이지만 잘 흩어지지 않을 뿐 원래는 뼈 여러 개가 붙어서 만들어졌다. 사람은 아기였을 때 머리뼈가 여러 조각으로 나뉘어 있다가 자라면서 하나로 붙는다.

악전고투 끝에 겨우 머리뼈를 다 짜고 두꺼비의 전신 골격을 완성하였다. 어디에 끼워 넣어야 할지 정체를 알 수 없는 뼈가 몇 개 남긴 했지만 그럭저럭 두꺼비의 모습은 갖추었다. 세 살짜리 아들이 보고 "이거 개구리 해골이네."라고 말해 주었으니까.

몇 달 뒤 이번에는 구렁이 사체가 들어왔다. 우리는 구렁이 사체도 골격 표본으로 만들어 보기로 했다. 과학실에는 이미 반시뱀을 비롯한 여러 종류의 뱀 골격 표본이 있었지만 이것들은 뼈를 모두 발라냈다가 다시 조립한 것이 아니라 살을 대강 떼어 내고 말린 것이라 정확하게 말하면 골격 표본이 아닌 미라에 가까웠다. 두꺼비 머리뼈를 한 번 짜 본 후라 뱀의 머리뼈도 완성할 수 있겠다는 자신감이 생겼다.

몸통은 일찌감치 포기하고 머리에 집중했다. 신중하게 뼈를 발라냈다. 지난번에 두꺼비 골격 표본을 만들 때 미리 충분히 관찰하지 않아 짜 맞추기가 더욱 힘들었던 경험을 떠올리며 이번에는 뼈 하나하나를 신중하게 관찰하고 기록했다.

해부학 책에서 간단한 구렁이 해부도를 찾아 서로 비교해 가면서 짜 맞추며 신중하게 기록했음에도 결국 뼈 몇 개는 어디에 끼워 넣어야 할지 통 알 수 없었다. 가까스로 뱀의 머리 골격을 완성하였다. 포유류의 입장에서 보면 개구리든 뱀이든 이상하게 생긴 뼈가 희한하게 연결되어 있다.

문득 궁금증이 일었다.

진화라는 관점에서 볼 때, 어류→양서류→파충류→포유류로 변해왔는데, 과연 이들의 머리뼈 조각들은 하나하나 서로 대응할까? 포유류의 머리뼈도 한번 분리해 볼까?

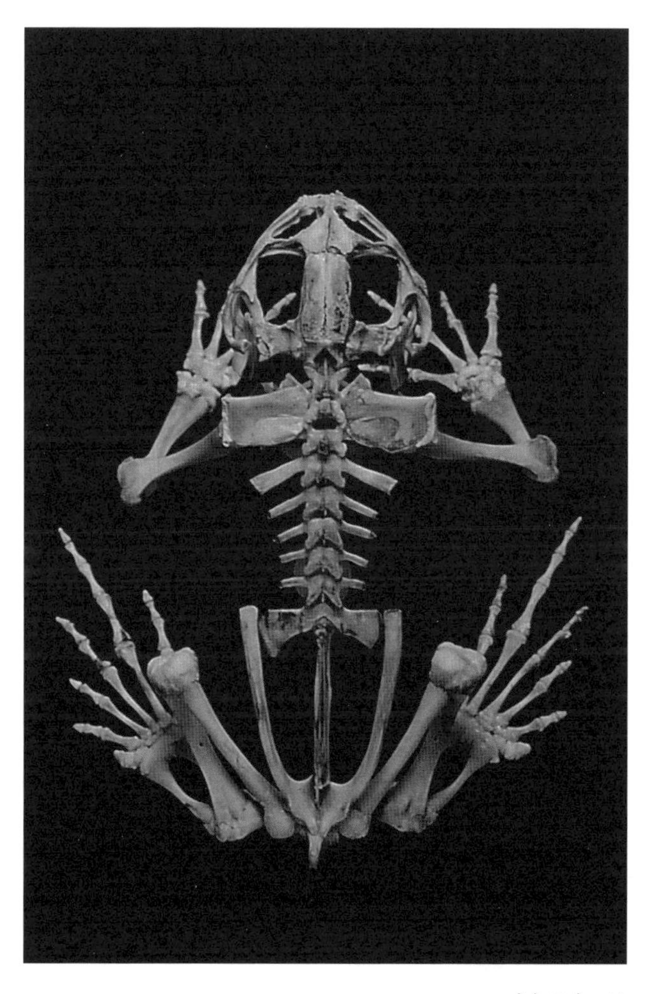

두꺼비 골격 표본

구렁이 머리뼈

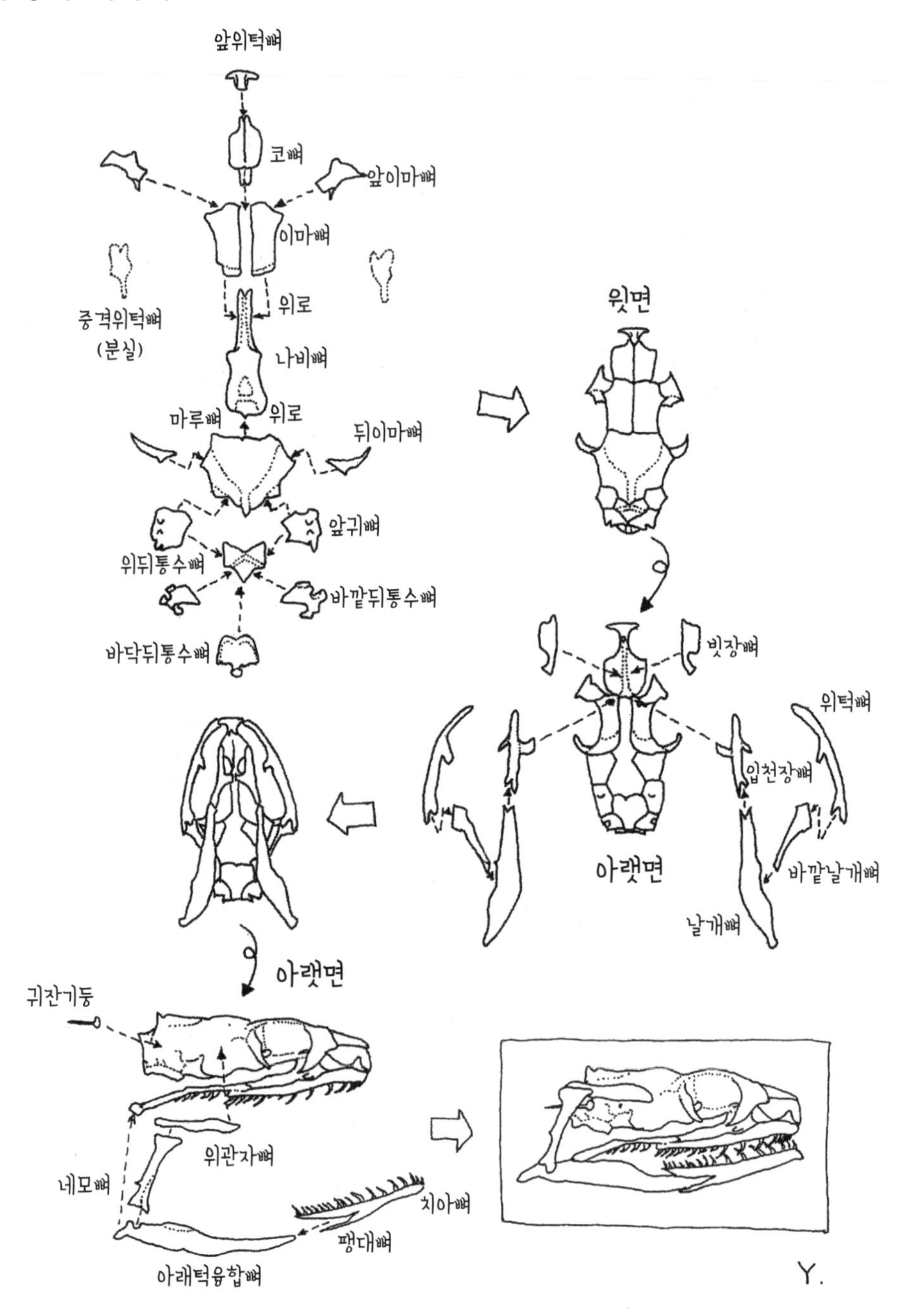

앞위턱뼈
코뼈
앞이마뼈
이마뼈
위로
중격위턱뼈
(분실)
나비뼈
마루뼈
위로
뒤이마뼈
앞귀뼈
위뒤통수뼈
바깥뒤통수뼈
바닥뒤통수뼈
윗면
빗장뼈
위턱뼈
입천장뼈
바깥날개뼈
아랫면
날개뼈
아랫면
귀잔기둥
위관자뼈
네모뼈
치아뼈
팽대뼈
아래턱융합뼈
Y.

폴리덴트로 뼈 바르기

야스다 마모루

"선생님, 저도 뼈 바르기를 해 보고 싶은데요, 무엇부터 하면 좋을까요? 쥐요?"

복도를 지나가는데 고등학교 1학년 학생이 말을 걸어 왔다. 과학실 앞을 지날 때마다 자꾸 마음이 끌려 결국 들어가서 해부를 하고 있던 학생에게 물었더니 나에게 물어보라는 대답을 들었다고 한다. 그런데 일반적으로 너구리 같은 중간 크기의 동물보다 쥐나 두더지, 작은 새 종류(참새, 제비 등)처럼 몸집이 작은 동물이 골격 표본 만들기가 더 어렵다.

사체를 오랜 시간 익히고 살을 떼어 내면 자연히 뼈는 제각각 흩어지고, 다시 맞추는 작업이 기다리고 있다. 몸집이 작을수록 뼈가 가늘기 때문에 작업은 더욱 어렵다. 그러므로 해부 초심자에게는 언제나 너구리 같은 중간 크기의 동물(물론 냉동고에 보관된 것이 있을 때 얘기다)을 권한다.

이야기를 조금 바꾸어, 자유숲 학교 안에는 고양이 몇 마리가 살고 있다. 아이들이 고양이를 돌봐 주긴 하지만 가끔씩 야산을 어슬렁거리다 먹이를 잡아 오는 일이 있는데 대개 들쥐나 두더지 같은 작은 동물들이다. 풍족한 생활을 하는 고양이들은 취미로 사냥을 하는 모양인지 잡아 온 동물을 먹지는 않고 학교 안으로 가지고 와서는 그냥 내버려 둔다. 그러면 그 사체는 다시 교무실로 옮겨지고 그러고는 과학실 냉동고로 들어가 골격 표본 만들기가 쉽지 않은 쥐나 두더지들이 점점 쌓여 간다.

한번은 몸길이 30센티미터 정도의 일본다람쥐 골격 표본을 만들어 보았다. 뼈 하나하나가 무척 가늘고 섬세했다. 그중에서도 손목뼈와

일본다람쥐의 전신 골격(꼬리뼈 끝이 없다)

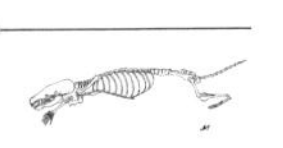

발목뼈(손목, 발목에 해당하는 뼈 모두)를 짤 때는 몇 밀리미터밖에 안 되는 작은 뼈들을 맞추느라 눈이 아른아른했다.

작업 중에 실수로 뼈를 떨어뜨리기라도 하면 한참을 엎드려 과학실 바닥을 뒤져야 했다. 결국 오랜 시간을 들여 완성하기는 했지만 모양새는 왠지 어설펐다. 무엇보다 너무 힘이 들었다. 그래서 작은 뼈를 떼어 내지 않고 살만 살짝 녹이는 방법이 없을까 궁리해 보았다.

"해골의 방에 이게 있던데 사용해도 돼요? 너구리 골격 표본을 만들 때 뼈를 깨끗이 발라내고 싶은데."

어느 날 유코와 나오코가 나를 찾아와 물었다. 유코가 들고 온 물건의 포장을 보니 틀니 세정제라고 쓰여 있었다. 우타가 졸업할 때 두고 간 것 같았다.

"음, 사용해도 되지만 효과는 별로 없을걸. 전에도 효소가 들어간 세제를 써 보았는데 살이 생각만큼 녹지 않더라고. 역시 뼈 바르기의 왕도는 오로지 익히는 거야."

나는 건성으로 대답했다.

다음 날 과학실로 가서 아이들의 작업을 지켜보았다. 뼈를 물로 깨끗이 씻어 낸 뒤에 나는 깜짝 놀랐다. 뼈가 정말로 깨끗해져 있었다. 남아 있는 살덩이는 색이 투명해져서 눈에 잘 띄지 않았다. 이것을 응용하면 작은 동물의 골격 표본 만들기에 도움이 될지도 모른다는 생각이 들었다.

"선생님, 어제 보여 주신 태도랑 전혀 다르네요."

아이들의 차가운 시선. 어제 한 말은 취소다. 당장 약국으로 갔다. 틀니 세정제 코너에는 여러 종류의 상품이 진열되어 있었다. 모두 비슷할 테니 잡히는 대로 폴리덴트를 구입했다.

포장 뒤쪽에 '단백질 분해 효소가 냄새의 원인인 플러그를 없애 줍니다.'라고 쓰여 있으니 천천히 살을 분해해 줄 것 같았다. '민트 향으로 상쾌하게'라고도 쓰여 있었다. 냄새가 지독한 뼈 바르기 작업을 조금이라도 상쾌하게 할 수 있기를 기대해 보았다.

냉동고에 저장해 두었던 두더지(이것도 학교 고양이가 잡아다 주었다)로 시험해 보았는데 결과는 기대 이상이었다. 이 방법은 아직 연구 중이지만 여기서 간단하게 폴리덴트법을 소개해 보겠다.

먼저 온몸의 가죽을 벗긴다. 메스로 배를 세로로 깊게 가르고, 가죽을 살짝 당기면서 살과 가죽의 경계 부분에 메스를 가볍게 대며 벗겨 나간다. 뱃가죽을 다 벗기면 뒷다리, 꼬리, 등, 앞다리의 가죽을 벗긴다. 손발 끝은 벗기기 어려우므로 손목과 발목에서 끝낸다. 뒤집어서 옷을 벗기듯이 가죽을 떼어 내고 목, 머리, 코끝까지 가면 가죽 벗기기는 끝난다. 박제를 만들려면 더욱 신중하게 벗겨야 하겠지만 이것은 골격 표본을 만들 목적이므로 뼈만 상하지 않으면 다소 거칠어도 된다.

박제는 벗긴 가죽에 솜이나 심을 넣어 만든다. 따라서 박제를 만들 때는 더욱 신중하게 가죽을 벗겨야 한다. 이 분야의 프로들은 사체 하나로 박제와 전신 골격 표본 두 가지를 다 만들어 낸다.

가죽을 다 벗기고 나면 다음에는 내장을 떼어 낸다. 복부의 막을 절개하면 내장이 차곡차곡 들어 있다. 장을 비롯한 내장들을 잘 정리하며 끄집어낸다. 장의 위쪽은 위와 연결되어 있으므로 그 속에 어떤 음식이 들어 있는지도 조사해 보자. 살아 있을 때 어떤 음식을 먹으며 생활했는지 추정할 수 있다.

배 속을 깨끗이 비웠다면 가슴과의 경계선(가로막)을 제거한다. 가슴 부분에는 폐, 심장이 들어 있으므로 핀셋으로 잡아당겨 꺼낸다. 내장을 다 꺼내면 다음은 살을 제거하는 작업에 들어간다.

어느 수업에서 폴리덴트법을 소개하며 막 완성된 두더지 표본을 보여 주었더니 어느 학생이 바로 물었다.

"폴리덴트는 정말 강력하네요. 그걸 입 속에 넣으면 잇몸이 없어지나요?"

폴리덴트가 살을 분해한다고 해도 살덩어리가 녹을 만큼 강력한 것은 아니다. 그러므로 살을 떼어 낼 수 있을 만큼 모두 떼어 내고 나머지 어려운 부분만 폴리덴트로 분해하는 것이다. 근육은 끝으로 가면서 가늘어져 힘줄이 된다. 그리고 이것이 뼈에 붙어 있다. 이 붙은 부분을 가위나 메스로 잘라서 힘줄을 잡아당기면 한꺼번에 떨어져서 떼어 내기 쉽다. 뒷다리에서 허리 언저리, 앞다리에서 가슴, 어깨, 척추, 갈비뼈 주변, 그리고 목 주변의 순서로 떼어 나간다.

손발 끝은 이 단계에서는 쉽지 않으므로 가죽과 살을 어느 정도 남기고 가위나 메스를 이용해 떼어 낸다. 떼어 낼 수 있을 만큼 많이 떼어 내야 하지만 뼈가 붙어 있을 만큼은 남겨 두어야 한다는 것이 포인트다. 만일 힘을 너무 주어, 혹은 힘줄 등의 연조직을 많이 제거하여 뼈가 빠져 버린 경우는 나중에 붙여야 하므로 잘 챙겨 둘 것.

단, 머리뼈는 목에서 떼어 낸다. 머리뼈 속의 뇌를 제거하기 위해서다. 머리뼈와 목뼈의 경계에 메스를 대어 떼어 내고, 머리뼈 뒤쪽 구멍으로 핀셋과 철사를 집어넣어 뇌를 긁어내면 깨끗하게 나온다.

살을 다 제거하고 나면 드디어 폴리덴트가 활약할 차례다. 500밀리리터 비커에 미지근한 물을 넣고 폴리덴트를 두 알 넣는다. 그러면 슉슉 소리를 내며 기포가 올라오고 민트 향이 은은하게 퍼져 나온다.

연조직 제거가 끝난 '머리뼈'와 '손발이 붙은 전신 뼈'를 비커에 넣고 항온기 안에 넣는다. 폴리덴트에 들어 있는 효소가 반응을 일으키는 최적 온도가 몇 도인지는 모르겠지만 40도를 유지하며 하룻밤 담가 둔다. 항온기가 없다면, 시간은 좀 걸리지만 실온에 그대로 두어도 무방하다.

다음 날 두근거리며 비커를 보면 남아 있던 살이 투명해져 있다. 물로 씻고 나서 조금 더 살을 제거한다. 투명해진 살은 끈끈한 상태로 변해 잘 떨어지지 않는다. 그럴 때는 핀셋보다 족집게를 사용하면 확실하게 떼어 낼 수 있다. 손발이나 꼬리 끝은 메스와 가위를 사용해 가죽과 힘줄을 조금씩 꾸준히 제거한다. 손가락 끝의 손톱은 족집게로 끝부분을 꽉 잡고 잡아당기면 쏙 빠진다.

의외로 번거로운 것은 갈비뼈 주변에 붙어 있는 부드러운 살인데, 이것도 족집게로 떼어 내거나 낡은 칫솔이나 치간칫솔(이것은 섬세한 부분을 문지르는 데 편리하다)로 문질러 조금씩 제거한다. 그래도 살이 다 떨어지지 않고 남아 있다면 다시 비커에 폴리덴트액을 만들어 하룻밤 더 담가 둔다. 살을 얼마나 떼어 내야 하는가 하는 기준은 '이 이상 제거하면 뼈가 흩어져 버릴 바로 그 직전'이다.

살이 조금 남아 있어도 마르면 수축하고 투명해지므로 의외로 잘 보이지 않는다. 그럭저럭 살을 제거하는 것은 끝났다. 너무 장시간(일주일 이상) 담가 두면 뼈가 쉽게 흩어지고 무엇보다 썩은 냄새도 심해진다. 살 제거가 끝나면 마지막으로 한 번 더 물로 씻는다.

이제부터 골격을 짜기 시작한다. 우선 머리뼈에서 허리뼈까지의 길이로 철사(0.3밀리미터 정도가 사용하기 쉽다)를 반 접어 서로 꼬아 둔다(척추의 심으로 사용한다). 그것을 첫째목척추뼈(머리뼈와 이어지는 목뼈)로 밀어 넣어 척추를 지나 허리뼈까지 통과시킨다. 철심으로 이어진 척추뼈를 S자형으로 완만하게 구부린다.

다음으로 적당한 크기의 스티로폼을 준비하고 그 위에 전신 골격을 올려놓는다. 곤충핀(없으면 시침핀)을 사용하여 각 부분을 스티로폼에 고정시켜 골격의 자세를 잡는다. 동물의 생태를 찍은 사진이나 스케치가 있으면 어떤 자세를 잡을지 쉽게 떠올릴 수 있다.

스티로폼에 고정시킨 몸의 골격과 머리뼈를 그대로 한참 두어 자연 건조시킨다. 손가락으로 만져 보고 완전히 굳었다면 머리뼈를 붙

두더지의 전신 골격

인다. 척추뼈를 통과시킨 철사의 남은 부분을 자르고 머리뼈를 순간접착제로 고정하면 된다. 만일 살을 떼어 낼 때 떨어져 나온 뼈가 있다면 역시 순간접착제로 연결한다. 이것으로 골격 표본은 완성이다.

받침대를 붙이고 싶다면, 뒤에 나오는 '족발 골격 표본 만들기'에서 소개하는 방법을 응용하기 바란다. 기둥은 척추에 두 군데 세우면 확실하게 고정할 수 있다.

뼈가 가늘어 잘 흩어져 버리고 도저히 짜 맞출 수 없는 것들도 폴리덴트법을 쓰면 비교적 깨끗하게 표본을 만들 수 있다. 나는 두더지를 만든 뒤에 집박쥐로도 이 방법을 시험해 보았는데 막을 지탱하는 가는 손가락 끝 뼈도 깨끗하게 꺼낼 수 있었다.

야생동물의 사체 중에서는 여기서 소개한 두더지 외에 쥐 따위의 작은 포유동물, 집 유리창에 부딪쳐 죽은 참새나 제비 등의 작은 새가 손에 넣기 쉬운 것들이다. 이 동물들에게 폴리덴트법을 시험해보면 어떨까.

집박쥐의 전신 골격

찌르레기, 제비, 참새의 전신 골격

너구리 뼈 분류법

야스다 마모루

어느 날 과학실 앞을 지나가는데 유코가 과학실 바닥을 기어 다니고 있었다.

"너구리 손목뼈가 없어졌어요."

유코는 기운이 쭉 빠져 있었다. 뼈 바르기를 끝내고 책상 위에 분류해 놓은 뼈를 잃어버린 모양이었다. 유코는 결국 뼈를 찾는 것을 포기하고 플라스틱 점토를 꺼냈다. 지금부터는 잃어버린 뼈의 복제품을 만들어야 한다. 반대쪽 손뼈를 올바르게 분류해 놓았다면 그것과 대칭되는 모양으로 복원할 수 있다.

그러나 이런 경우는 정말 큰일이다. 뼈 바르기를 끝내고 너구리 갈비뼈를 종이 위에 순번대로 늘어놓았다고 치자. 그것을 아차 하는 실수로 그만 뒤집어 엎어 버린다면 어떻게 될까? 뒤집어 엎은 것이 머리뼈라면 아무 문제가 없지만 모두 활 모양으로 비슷하게 생긴 갈비뼈를 엎었다면 문제가 커진다. 손에 들고 있는 이 갈비뼈가 오른쪽 갈비뼈인지 왼쪽 갈비뼈인지, 앞에서 몇 번째 갈비뼈인지 도저히 알 수 없게 된다면 그것은 속수무책이다.

완벽하게 짜 맞춰진 같은 동물의 골격 표본이 있다면 비교해 볼 수도 있겠지만 처음 시도하는 동물이라면 그렇게도 할 수 없다. 척추의 경우도 마찬가지다. 척추뼈들은 모두 비슷하게 생겼다. 꼼꼼히 비교해 보면 차이가 있기는 하지만 그 규칙을 알지 못하면 순서를 파악하기 어렵다.

또 뼈는 다른 뼈와 이어지므로 뼈와 뼈를 번갈아 맞추어 보며 딱 들어맞게 해야 하는데 이것도 엄청난 끈기가 요구된다. 작은 뼈를 분류하는 대단치 않은 요령을 알고 있다면 뼈를 짜 맞추는 작업이 한층

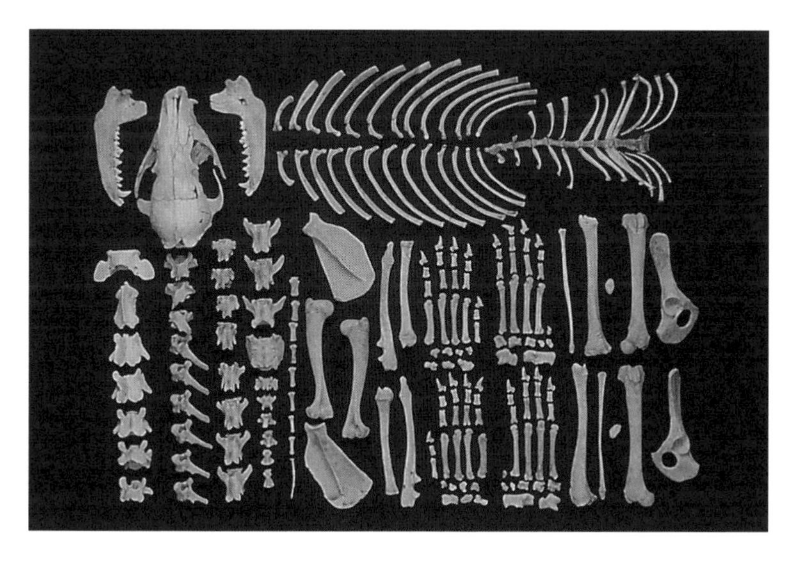

너구리의 뼈

수월해질 것이다.

4월의 어느 날, 막 입학한 중학생 대여섯 명이 교무실로 우르르 몰려 들어왔다.

"이것 보세요, 선생님. 운동장에서 뼈를 주웠어요."

숨을 거칠게 몰아쉬며 들어오는 아이들의 손에는 작은 뼈 하나가 들려 있었다.

"음, 이건 허리 근처 척추네. 크기를 보면 개는 아니고……."

내 대답에 아이들의 눈이 커졌다.

"와, 엄청난 발견이에요. TV나 신문에 나오는 거 아니에요? 그런데 그런 걸 어떻게 알아요?"

뼈에 대해 조금만 알고 있어도 그것이 어느 부분의 뼈인지 알 수 있고, 또 어느 부분의 뼈인지 알면 어떤 동물인지도 추측해 낼 수 있다.

지금부터는 동물의 뼈를 손에 넣었지만 어느 부분의 뼈인지 알지 못하는 사람 혹은 동물 뼈를 손에 넣어 골격 표본을 짜 보고 싶은 사람을 위해 우리 사이에서 인기가 높은 너구리를 예로 들어 뼈를 분류하는 요령과 방법을 소개하려 한다. 다른 동물이라도 어느 정도는 참고가 될 것이다.

실제로 동물의 뼈를 손에 넣은 사람은 우선 여기에 소개한 뼈 그림과 비교해 보면서 시작하면 된다.

곤충 도감을 볼 때 글을 읽지 않아도 그림을 많이 보면 곤충들의 특징을 알게 되는 것처럼, 그림과 비교하여 몇 번씩 맞추어 보면 자연스럽게 뼈의 특징들을 알게 된다. 그리고 나서 본문의 해설을 읽으면 더욱 이해하기 쉽다.

너구리의 전신 골격도

너구리는 통통해 보이지만
뼈를 보면 이렇게 날씬하다.

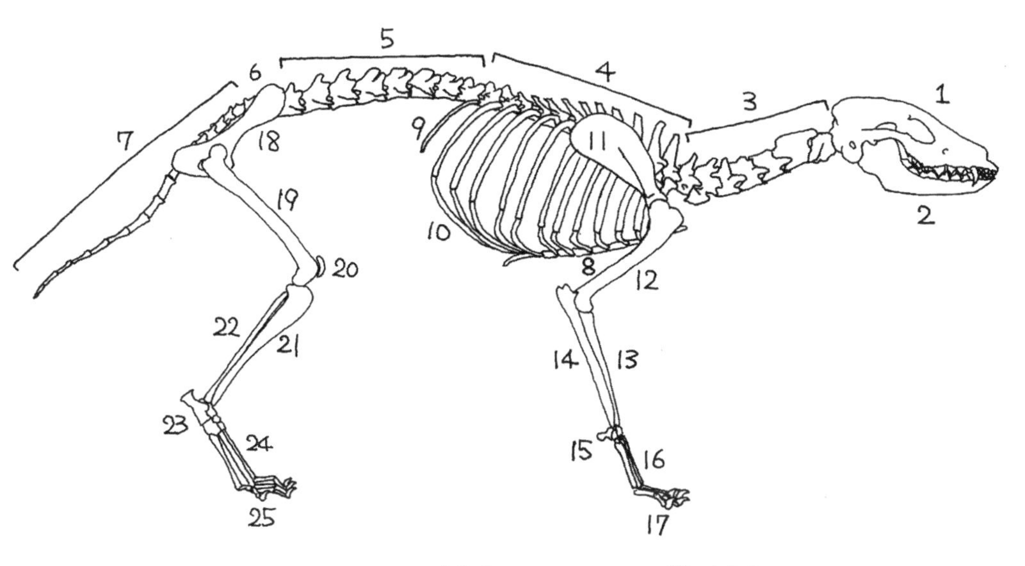

1 머리뼈
2 아래턱뼈
3-7 척추뼈
 3 목척추뼈
 4 등척추뼈
 5 허리척추뼈
 6 엉치뼈
 7 꼬리뼈
8 복장뼈
9 갈비뼈
10 갈비연골
11 어깨뼈
12 위팔뼈
13 노뼈
14 자뼈
15 손목뼈
16 손허리뼈
17 손가락뼈(첫마디뼈, 중간마디뼈, 끝마디뼈)
18 볼기뼈
19 넙다리뼈
20 무릎뼈
21 정강뼈
22 종아리뼈
23 발목뼈
24 발허리뼈
25 발가락뼈(첫마디뼈, 중간마디뼈, 끝마디뼈)

Y.

우선 너구리 전신 골격도를 보기 바란다. 머리뼈, 어깨뼈, 볼기뼈처럼 특징 있게 생긴 뼈는 그림으로도 금방 알 수 있다. 고민하게 되는 것은 비슷한 모양의 뼈가 여러 개 이어져 있는 뼈의 그룹이다.

척추뼈를 분류한다

비슷하게 생긴 뼈가 여러 개 있으면 그 뼈는 척추뼈다. 머리뼈 뒤쪽 목에서 시작해 등, 허리, 꼬리로 쭉 이어져 있고 몸통의 중심을 이룬다. 척추뼈의 수는 너구리의 경우는 대략 48개인데, 대략이라고 한 이유는 너구리마다 꼬리뼈의 수가 다르기 때문이다.

척추뼈는 위에서 누른 것 같은 모양의 척추뼈몸통과 그 위에 붙어 있는 척추뼈고리로 이루어져 있고, 그 사이에는 커다란 구멍(척추뼈구멍, 척수가 들어 있다)이 뚫려 있다. 전후좌우에 돌기가 있고 돌기에는 각각 이름이 있다. 또 척추뼈가 규칙적으로 서로 연결되므로 그것을 보고 앞뒤 방향을 알 수 있다. 척추뼈는 위치에 따라 목척추뼈, 등척추뼈, 허리척추뼈, 엉치뼈, 꼬리뼈 다섯 부분으로 나뉘는데, 생김새나 돌기와 같은 각각의 특징을 보고 분류한다.

–엉치뼈

긴 이등변삼각형 모양으로 크기가 가장 크다. 긴 면 두 곳에 볼기뼈가 붙는다. 실은 세 개의 척추뼈가 합쳐진 것으로(몇 개가 합쳐졌는지는 동물에 따라 다르다) 자세히 보면 이어진 흔적이 있다. 이 뼈는 딱 하나뿐이다.

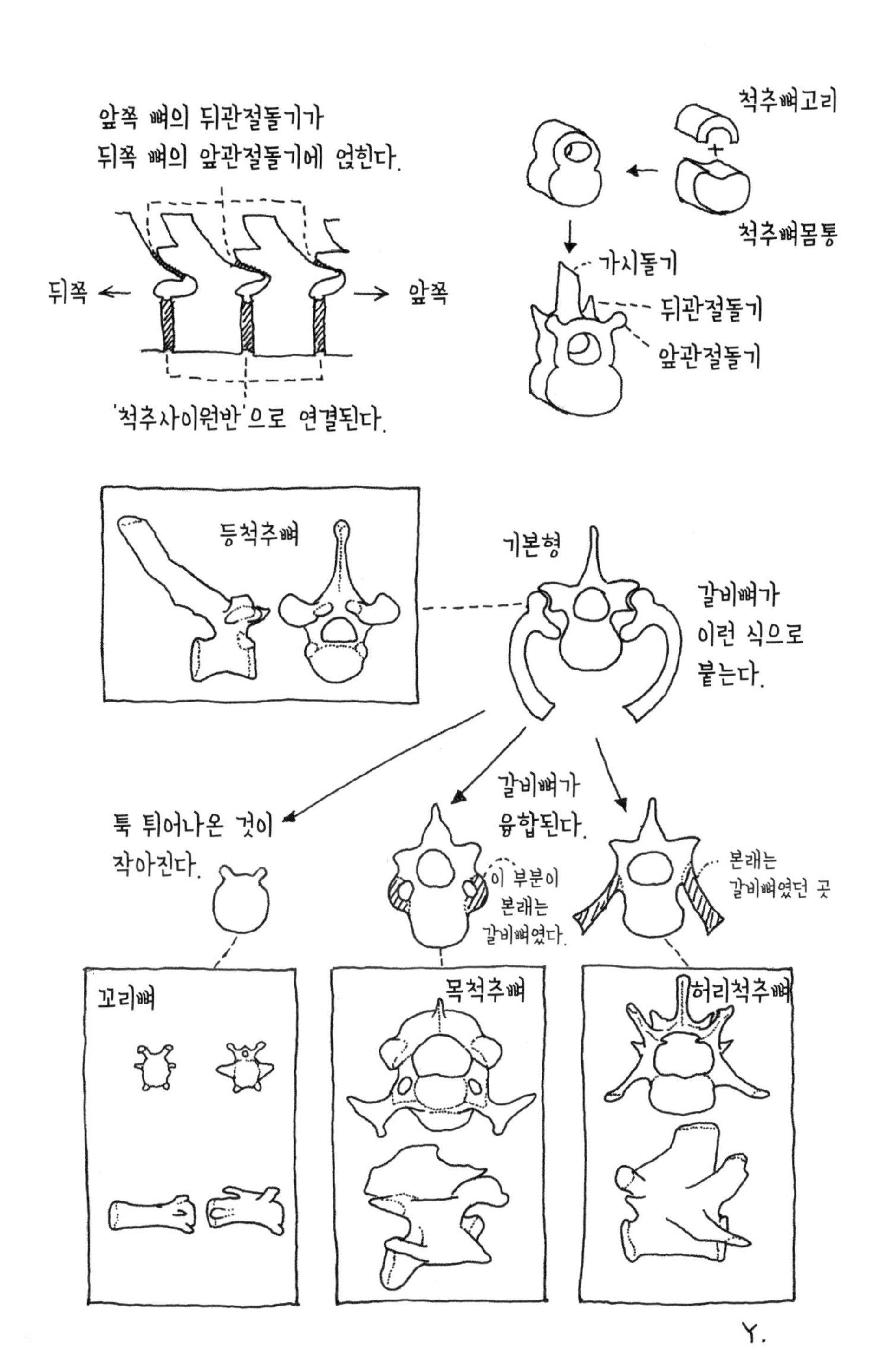
앞쪽 뼈의 뒤관절돌기가
뒤쪽 뼈의 앞관절돌기에 얹힌다.
뒤쪽
앞쪽
'척추사이원반'으로 연결된다.
척추뼈고리
척추뼈몸통
가시돌기
뒤관절돌기
앞관절돌기
등척추뼈
기본형
갈비뼈가
이런 식으로
붙는다.
툭 튀어나온 것이
작아진다.
갈비뼈가
융합된다.
이 부분이
본래는
갈비뼈였다.
본래는
갈비뼈였던 곳
꼬리뼈
목척추뼈
허리척추뼈
Y.

―등척추뼈

기다란 가시돌기가 많다. 가시돌기에는 머리와 목을 잡아당겨 지탱해 주는 근육이 붙는다. 옆에서 보면 척추뼈몸통에 작고 둥근 홈이 패인 것이 특징으로, 이 오목한 부분에 갈비뼈가 하나씩 들어간다. 여기가 가슴 부분이다.

너구리는 등척추뼈가 13개다. 등척추뼈를 늘어놓고 옆에서 바라보면 가시돌기의 길이와 기울기가 규칙적으로 변하는데, 이것을 보고 등척추뼈의 순서를 정한다. 앞관절돌기의 간격이 앞의 것일수록 넓고 뒤로 갈수록 좁아지므로 서로 대조하여 확인한다. 모든 척추뼈가 그렇지만 마지막에 앞뒤 뼈를 직접 끼워 보고 꼭 맞는지 확인해 보면 정확한 순서를 알 수 있다.

―허리척추뼈

가시돌기가 등척추뼈에 비해 짧고 앞 방향 약간 아래쪽으로 가로돌기가 비스듬히 뻗어 있는 것이 특징이다. 등척추뼈 뒤쪽 끝과 엉치뼈 사이에 붙는다. 너구리의 허리척추뼈는 일곱 개다. 순서대로 늘어놓으면 앞에서 뒤로 갈수록 가로돌기가 커지고 앞관절돌기의 간격이 점점 넓어지므로 그것을 비교하며 순서를 정한다.

―꼬리뼈

남은 척추뼈 중 작은 뼈들이 꼬리뼈다. 엉치뼈에서 뒤쪽 꼬리 부분으로 너구리의 경우 18개 정도이다(너구리마다 차이가 있다). 앞의 것일수록 길이가 짧고 폭이 넓다. 뒤로 갈수록 돌기가 작아져 눈에 보이지 않는다.

–목척추뼈

남은 일곱 개의 척추뼈다. 첫째목척추뼈는 둥근 고리에 날개가 두 개 붙은 모양이고, 둘째목척추뼈는 가시돌기가 붙은 세로로 긴 널빤지 모양으로 모두 특징 있게 생겼다. 셋째목척추뼈에서 일곱째목척추뼈는 앞뒤 길이가 앞의 것일수록 길고 뒤의 것일수록 짧으므로 길이로 순서를 정한다.

–척추뼈의 기본 구조

척추뼈는 다섯 부분으로 나뉘는데 모두 비슷하게 생겼다. 예를 들면 등척추뼈의 맨마지막 뼈인 열셋째등척추뼈와 허리척추뼈의 맨앞에 있는 첫째허리척추뼈는 매우 비슷하게 생겼다(이 경우 식별하는 방법 중 하나는 갈비뼈가 연결되느냐 아니냐로 구분한다). 척추뼈를 하나씩 따로 보지 말고 이번에는 척추뼈 전체를 살펴보자.

척추뼈의 기본형은 등척추뼈이다. 등척추뼈에는 양쪽에 하나씩 갈비뼈가 붙는다. 등척추뼈 하나에 갈비뼈가 두 개, 이것이 기본형이다. 허리척추뼈에는 갈비뼈가 붙지 않는다. 또한 등척추뼈는 가로돌기가 작지만 허리척추뼈는 가로돌기가 크고 조금 아래쪽으로 튀어나와 있다. 크기가 큰 허리척추뼈의 가로돌기는 본래는 갈비뼈였던 것이 붙어 버렸기 때문에 갈비돌기라고도 부른다.

그리고 목척추뼈에는 가로돌기가 있어야 할 부분에 구멍이 두 개 뚫려 있다. 이 구멍 아랫부분에 갈비뼈가 있었다고 한다. 즉 이들은

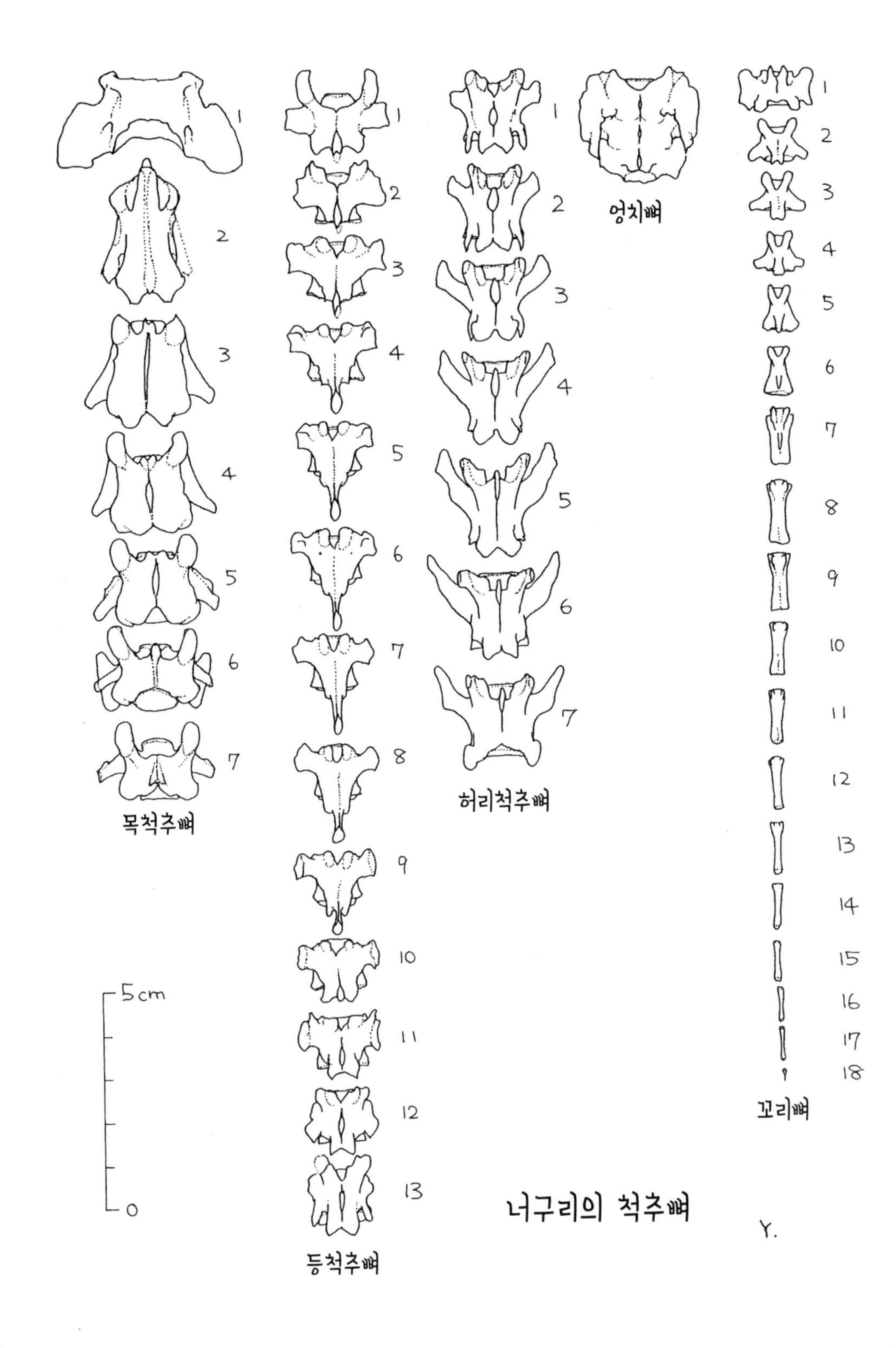
목척추뼈
1
2
3
4
5
6
7
등척추뼈
1
2
3
4
5
6
7
8
9
10
11
12
13
허리척추뼈
1
2
3
4
5
6
7
엉치뼈
꼬리뼈
1
2
3
4
5
6
7
8
9
10
11
12
13
14
15
16
17
18
5cm
0
너구리의 척추뼈
Y.

기본형에서 변형된 '등척추뼈+갈비뼈'로 볼 수 있다. 엉치뼈와 꼬리뼈는 돌기가 줄어들어 지금의 모양이 되었다. 이런 기본 구조가 머릿속에 있으면 척추뼈도 어렵지 않게 배열할 수 있다.

갈비뼈를 분류한다

갈비뼈는 갈비뼈머리와 갈비뼈결절 두 곳이 등척추뼈와 관절을 이루고, 반대쪽은 갈비연골(부드러운 연골)과 이어져 있다. 갈비연골은 가슴 쪽의 복장뼈와 이어져 갈비뼈 전체 모양을 보면 새장처럼 생겨서 폐와 심장을 담는다. 너구리는 갈비뼈가 한쪽에 13개로, 좌우 합쳐 26개다.

오른쪽 갈비뼈인지 왼쪽 갈비뼈인지 식별하려면 갈비뼈머리를 위로 오게 해서 책상 위에 놓는다. 평평한 쪽(갈비뼈머리의 반대쪽)에서 보아 오른쪽으로 기울어 있으면 오른쪽 갈비뼈, 왼쪽으로 기울어 있으면 왼쪽 갈비뼈이다.

갈비뼈를 순서대로 늘어세우면 앞쪽에서 뒤쪽으로 갈수록 길이가 길어져 일곱째갈비뼈와 여덟째갈비뼈가 가장 길고 그 뒤로는 다시 짧아진다. 또 뒤로 갈수록 갈비뼈결절이라는 혹처럼 튀어나온 부분(등척추뼈 가로돌기와 이어지는 부분)이 점점 작아져 없어지고 그 부근의 뼈가 휜 정도도 덜해진다. 얼마나 휘었는지로 갈비뼈 순서를 알 수 있다.

손목뼈와 발목뼈를 분류한다

우리가 골격 표본을 만들면서 가장 어려워하는 부분이다. 손목과

등척추뼈의 분류　　　　갈비뼈의 분류

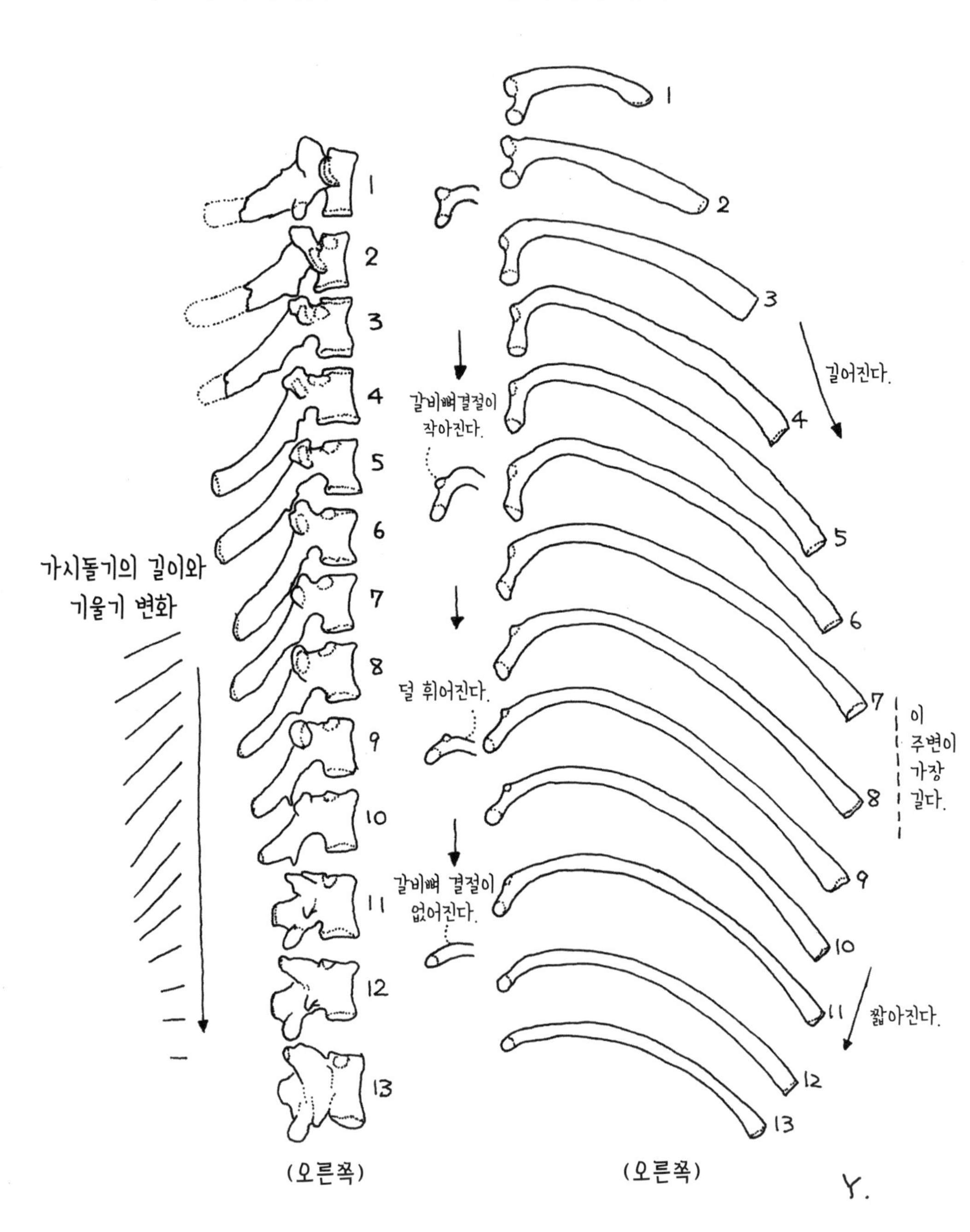

발목을 구성하는 뼈로, 여러 개의 뼈가 모여 만들어진다. 돼지처럼 커다란 발과는 달리 너구리처럼 발 크기가 작으면 뼈 하나하나가 작아 서로 딱 맞아 떨어지는 뼈를 찾기가 어렵다. 언뜻 보아 똑같이 생긴 뼈가 여러 개 모여 있는 것처럼 보일 뿐 어떤 방향으로 붙는지 도무지 감을 잡을 수 없고, 익숙해져도 가끔은 딱 들어맞지 않아 골머리를 앓는다.

이런 난관을 헤쳐 나가야 하므로 이 부분은 뼈를 바를 때 특별히 더 신중해야 한다. 뼈를 급하게 흩트리지 말고 손등(발등) 쪽에서부터 가죽을 벗기고 뼈가 연결된 모습이 보일 때까지 살을 조금씩 떼어 낸 다음, 뼈의 위치를 꼼꼼하게 관찰하여 스케치하고 기록해야 한다. 다 기록하면 끝에서부터 뼈를 하나하나 떼어 내 방향과 연결면을 확인한다. 이때 관찰하고 기록한 것이 나중에 뼈를 짜 맞추는 단계에서 큰 힌트가 될 것이다.

손목뼈는 두 단으로 배열한다. 너구리의 경우 손목 관절 쪽에 세 개, 그 위에 네 개를 배열한다. 발목뼈는 세 단으로 배열하는데, 너구리는 발목 관절 쪽에 큰 뼈가 두 개, 가운데 줄에 한 개 그리고 발가락 쪽에 네 개를 연결한다. 잘 살펴보면 크기와 생김새가 조금씩 다르므로 그림과 대조하며 분류한다.

손목뼈, 발목뼈를 바르게 연결하려면 각 뼈마다 맨들맨들한 면을 찾아야 한다. 맨들맨들한 부분이 다른 뼈(다른 손목뼈, 발목뼈나 손허리뼈, 발허리뼈, 정강뼈, 종아리뼈, 노뼈, 자뼈)의 맨들맨들한 면과 딱 맞으면 바르게 연결된 것이다.

지금까지 어려운 부분을 중심으로 너구리 뼈를 분류하는 방법을

너구리의 손목뼈, 발목뼈

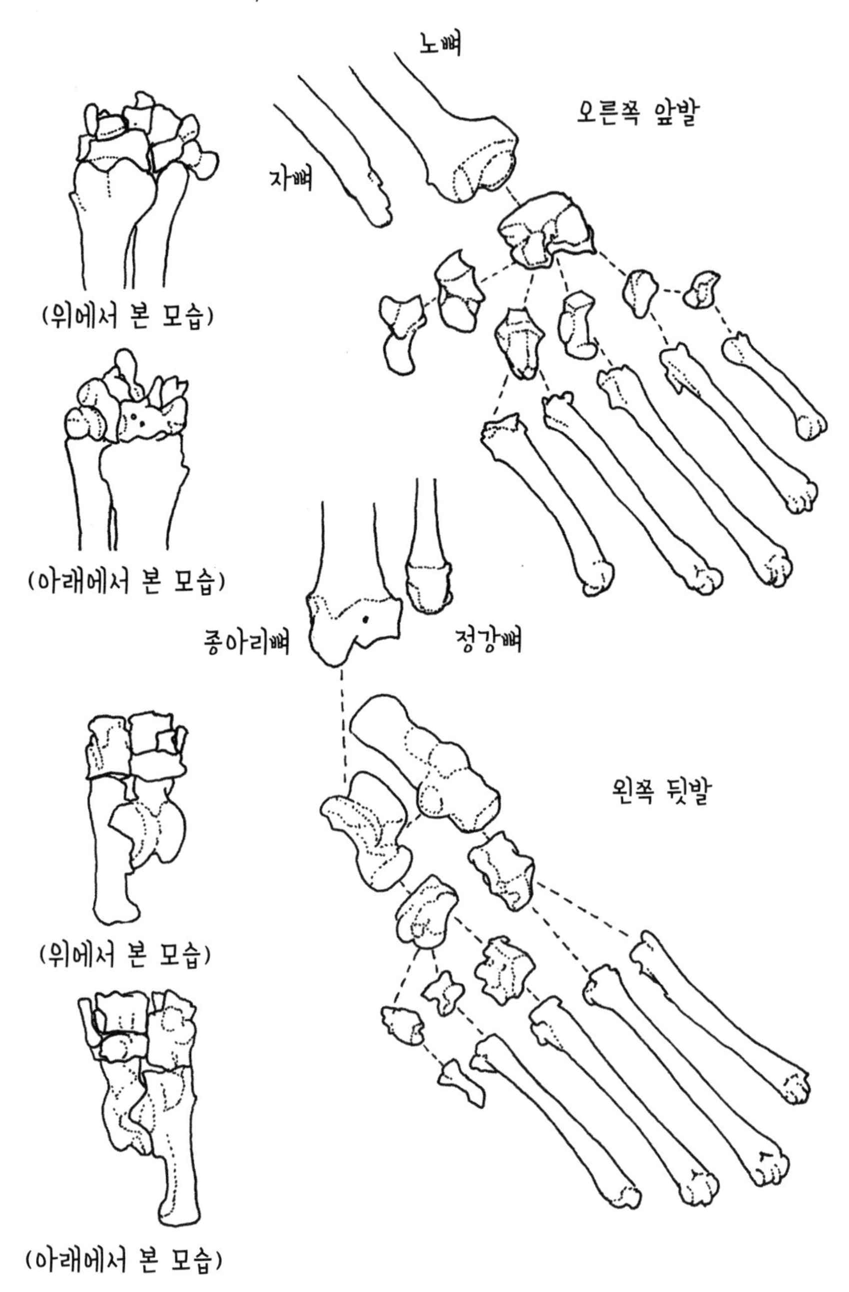

Y.

소개하였다. 손에 넣은 뼈가 어느 부분의 뼈인지, 어느 쪽으로 이어지는지 모를 때 가장 마지막으로 의존해야 하는 것은 뼈 그 자체다. 뼈를 잘 살펴보며 관절면을 찾고 그 뼈와 가장 잘 이어지는 뼈를 찾아 끈기 있게 맞춰 보면 딱 들어맞는 뼈를 찾을 수 있다. 그럴 때는 뼈와 대화하는 기분이 든다. 뼈와 대화를 반복하며 골격 전체를 완성하다 보면 그저 뼈가 모여 있는 것처럼 느껴지던 것이 어느새 살아 있는 생명체로 다시 태어나는 듯한 기분이 든다.

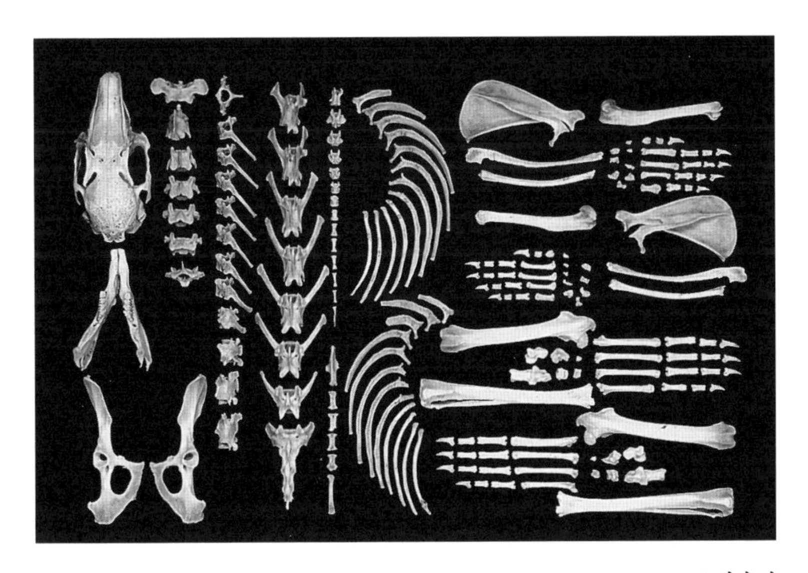

토끼의 뼈

족발 골격 표본 만들기

야스다 마모루

이 책에는 다양한 동물들의 뼈가 등장한다. 지금까지 뼈에 얽힌 이야기를 읽으면서 진짜 뼈를 만져 보고 싶다거나 골격 표본을 만들어 보고 싶다고 생각하는 사람이 있을 것이다. 이때 골격 표본의 재료인 동물의 사체를 손에 넣는 것이 가장 문제가 된다. 그래서 여기서는 정육점에서 구할 수 있는 '족발'을 실습 재료로 골격 표본을 만드는 방법을 소개하려 한다. 여기서 소개하는 방법은 다른 동물의 골격 표본을 만들 때도 응용할 수 있다.

1. 족발을 구입한다

의외로 간단하게 손에 넣을 수 있는 사체가 있다. 부엌 냉장고의 냉동실에는 언제나 고기가 꽉 차 있는데 그것도 생각해 보면 동물의 사체다. 비록 종류가 다양하지는 않지만 정육점에 가면 이러한 동물의 사체가 진열되어 있다. 정육점, 다시 말해 사체를 파는 가게로 가보자. 지금부터 나는 '정육점의 사체 수색대'가 되어 백화점 지하 식품 매장으로 들어가겠다.

오늘은 채소와 생선, 반찬 종류를 구입할 것이 아니므로 바로 정육 코너로 간다. 정육 코너 앞. 여기서는 쇠고기를 판다. 품질 좋은 고기가 잔뜩 진열되어 있지만 우리는 고기가 필요한 것이 아니니 이쪽은 통과. 저쪽에는 닭고기, 돼지고기, 그리고 내장 코너가 있다.

닭은 소나 돼지와 달리 몸집이 작기 때문에 뼈가 붙어 있는 고기가 꽤 있다. 닭다리, 닭날개 등등. 메추라기도 통째로 한 마리를 팔고 있다. 그것은 당연한 일일지도 모르겠다. 또 뼈가 붙은 돼지 갈비살, 양갈비살 등 관심을 가지고 찾아보니 뼈가 붙은 고기가 꽤 눈에 띈다.

먼저 관심을 끄는 것은 '야생 오리'다. 집오리가 아니라 야생 오리(아마도 청둥오리의 수컷)를 한 마리 통째로 팔고 있다. 고맙게도 머리도 붙어 있다. 그런데 가격을 잘 보니 100그램당 1,000엔이다. 골격 표본 만들기에는 너무 비싸다.

더 안쪽으로 들어가니 내장 코너가 나온다. 간, 심장, 위…… 그리고 드디어 발견! 족발이다. 그런데 유심히 보니 발끝이 싹둑 잘려 있다. 음, 이런, 안 되겠다. 제대로 된 돼지 발 표본을 만들어야 하므로 통과!

발톱까지 다 붙어 있는 족발을 찾기 위해 다른 백화점으로 간다. 내장을 파는 곳을 지나니 옆에 익히지 않은 온전한 돼지 발이 있다. 흠, 하나에 150엔이라……. 이 정도 가격이라면 실험용으로 구입하기 적절하다. 역시 족발이다.

뚫어져라 바라보고 있으니 담당 직원이 "어서 오세요."라며 인사를 한다. 두세 개 사서 가야지. 어느 것으로 할까……. 나란히 진열된 열 개의 족발을 보고 있는데 문득 생각이 났다. 돼지는 발이 앞뒤 좌우 네 개가 있다. 어느 것이 앞발이고 어느 것이 뒷발일까. 모두 비슷비슷하다.

"족발을 사려는데요."

"네, 익히지 않은 것도 괜찮으세요?"

"그건 괜찮은데 앞발과 뒷발 하나씩 사고 싶거든요."

"네? 앞발이랑 뒷발요? 그건 잘 모르겠는데요."

모르는 것이 당연하지. 족발을 먹을 때 앞발인지 뒷발인지 따지면

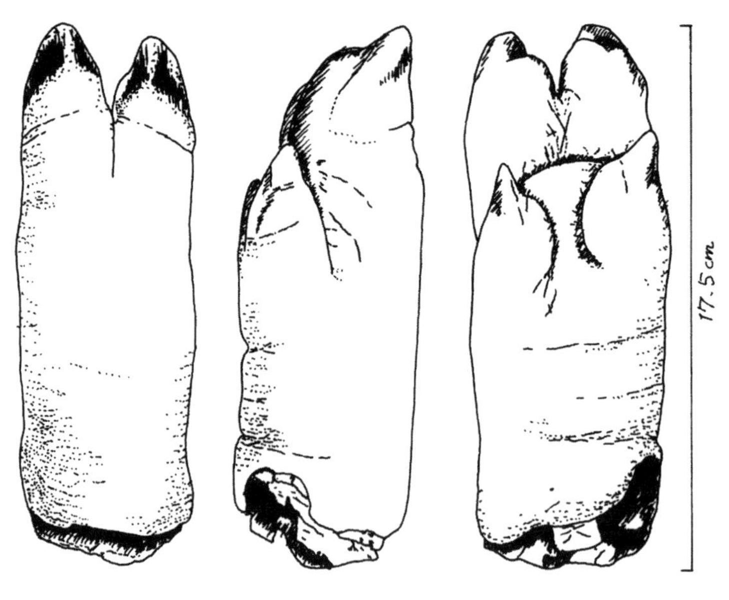

돼지발 (오른쪽 앞발)

서 먹는 사람은 없으니.

진열장에서 모두 다 꺼내 달라고 부탁하여 내가 직접 찾아보았다. 조금 짧은 것이 앞발, 조금 긴 것이 뒷발일 것이라고 어림짐작해서 각각 하나씩 샀다. 처음에 하나만 만든다면 어느 쪽이든 상관없다. 우여곡절 끝에 나는 이렇게 돼지 발을 손에 넣었다.

2. 뼈 바르기와 뼈 맞추기 준비

돼지 발 골격 표본을 만들 때 필요한 것은 다음과 같다.

- 냄비(지름 20cm 정도의 보통 냄비, 익히는 용도)
- 젓가락이나 국자(냄비에서 건져 낼 때 사용)
- 핀셋(잘 떨어지지 않는 살이나 연골을 제거하는 데 사용), 가능하면 '족집게' 타입의 핀셋을 준비할 것(질긴 살을 잡아당기는 데 편리하다)
- 안 쓰는 칫솔 혹은 수세미(살 제거)
- 접착제(글루건, 목공용 본드, 또는 젤 형태의 순간접착제, 뼈를 연결할 때 사용)

이 정도 있으면 기본적인 것은 할 수 있다. 그리고 지금부터 소개하는 것들은 있으면 편리하게 작업할 수 있거나 표본을 더 훌륭하게 만들 수 있도록 해 주는 도구들이다.

- 효소가 들어 있는 틀니 세정제(폴리덴트 등, 뼈를 발라내고 세척할

때 사용한다)

• 과산화수소수(3% 수용액, 약국에서 판다, 뼈를 표백할 때 사용)

• 벤젠(약국에서 판다, 기름을 제거할 때 사용)

또 완성된 표본을 받침대에 붙여 장식하려면 다음이 필요하다.

• 나무 받침대(뒤에 설명)

• 철사(22번이나 24번) 조금

• 가는 놋쇠 파이프(1.5mm의 철사가 안쪽을 통과할 수 있는 굵기)

• 극세 드릴(사용하는 철사와 파이프의 굵기에 맞추어) 또는 송곳

• 펜치 또는 라디오펜치

• 금속용 줄(철사와 금속 파이프의 끝을 간다)

• 사포(160번~400번 정도, 받침대를 다듬을 때 사용)

• 니스와 솔

이상의 것들이 필요하지만 이것은 표본을 완성하고 나서 생각해도 된다.

3. 뼈를 바른다

이제 뼈 바르기다. 그렇지만 어렵게 생각할 것 없이 뼈 이외의 것들, 살과 힘줄과 연골을 제거하기만 하면 된다. 이것들은 익히기만 하면 물렁물렁해져서 쉽게 떼어 낼 수 있다.

나는 족발을 어떻게 해서 먹는지 잘 모른다. 하지만 제법 단단한

뼈 바르기, 뼈 맞추기 도구와 재료

살과 힘줄이 많아, 한참 동안 물에 삶아 젤처럼 응고되면 이것을 살려서 요리하는 것 같다. 모처럼 사 왔으니 먹으면 좋겠지만 이것저것 조미를 하다 보면 뼈에 색이 배어 버릴지도 모른다. 우선 '요리하지 않은 족발에서 뼈를 꺼낸다'는 것을 전제로 시작하자.

나중에 설명하겠지만 뼈를 깨끗하게 하기 위해서는 완전히 익히거나 약품 처리를 하면 된다. 완전히 익히면 뼈가 뿔뿔이 흩어져 나중에 뼈를 하나하나 짜 맞추어야 하기 때문에 각 뼈의 특징을 모두 알고 있어야 한다. 자신이 없을 때는 처음부터 훌륭한 골격 표본을 만들겠다고 무리하지 말고 일단 마지막까지 한번 만들어 본 후에 다음에 더 멋지게 만드는 것이 좋다.

처음에는 꺼낸 뼈가 어디에 붙어 있던 뼈인지 잘 기억해 두었다가 작업을 하는 것이 무난하다. 지금부터 뼈의 상세한 명칭이 나온다. 모르겠다면 189p의 '돼지 발뼈 지도'를 확인하면서 읽어 가기 바란다.

(1) 익힌다

냄비에 돼지 발이 모두 잠기도록 물을 넉넉하게 붓고 불을 켠다. 물이 끓기 시작하면 약한 불로 줄여 보글보글 익힌다. 익히면서 계속 지켜볼 필요는 없으니 다른 일을 하면서 느긋하게 기다린다. 냄비 앞에 앉아 골격 표본으로 다시 태어날 족발의 모습을 상상해 보는 것도 좋다.

단, 가끔씩 들여다보면서 물이 넘치지 않도록 불을 조절하고 물이 줄어들지 않도록(돼지 발이 물 밖으로 나와서는 안 된다) 잊지 말고 자주 물을 부어 주어야 한다. 반나절쯤 익히다 보면 돼지 발이 전체적으로 약간 안쪽으로 구부러진다. 살은 제법 물러졌지만 질긴 힘줄과 연골은 아직 플라스틱처럼 딱딱할지도 모른다.

하루 종일 푹 익히면 질긴 힘줄이 물러져서 잘 씻겨진다. 깨끗한 골격 표본을 만들기 위해서 가능한 한 푹 익히고 싶지만 그 정도로 익히면 뼈가 냄비 속에서 다 흩어져 가느다란 뼈는 잃어버리거나 뼈들이 원래 어디에 붙어 있었는지 알 수 없게 된다. 이 정도가 딱 적당하다.

익히다가 자연히 떨어진 뼈를 시험 삼아 씻거나 칫솔로 문질러 본다. 뼈 주위에 붙어 있던 살과 연골이 잘 떨어지면 다 된 것이니 이때 다음 단계로 넘어가자.

(2) 뼈를 떼어 내고 세척한다

다 익힌 돼지 발에서 뼈를 하나하나 떼어 낸다. 그리 어렵지 않은 작업이다. 그러나 큰 뼈는 괜찮지만 작은 뼈는 잃어버리고 나중에 후회할 수도 있으니 주의하자. 앞발의 뼈를 떼어 낼 때는 아래의 순서로 하는 것이 좋다.

- 앞발목뼈를 하나씩 떼어 낸다.
- 둘째발가락을 관절에서부터 발가락 쪽으로 하나씩 떼어 낸다. 즉 〈발허리뼈→첫마디뼈 쪽에 붙어 있는 종자뼈→첫마디뼈→중간마디뼈→끝마디뼈에 붙는 종자뼈→끝마디뼈〉의 순서이다.
- 똑같은 순서로 셋째발가락, 넷째발가락, 새끼발가락의 뼈를 떼어 낸다.

가는 뼈, 특히 종자뼈를 빠뜨리지 않도록 주의한다. 종자뼈는 발허리뼈와 첫마디뼈, 중간마디뼈와 끝마디뼈 사이에 있으며 발바닥 쪽에 붙어 있는 뼈다. 이들 종자뼈는 젤리 상태가 된 힘줄 속에 묻혀 있다. 그러므로 뼈에서 살을 떼어 내 손가락으로 꾹 눌러 보아 딱딱한 것이 만져지면 뼈를 꺼낸다.

돼지 발에서 떼어 낸 뼈는 아직 살과 힘줄, 연골이 붙어 있다. 이것을 칫솔이나 경우에 따라서는 수세미로 박박 문질러 제거하는데, 푹 익혔다면 잘 떨어지지만 덜 익힌 경우 좀처럼 깨끗하게 떨어지지 않는다.

특히 뼈와 근육이 붙는 부분에는 질긴 힘줄이 있고 뼈와 뼈 사이 관절에는 부드러운 플라스틱 같은 연골이 붙어 있다. 이때는 핀셋과 같이 딱딱한 것으로 뼈의 표면을 문지른다. 그래도 떨어지지 않으면 덜 익힌 것이므로 한 번 더 냄비에 넣고 익힌다.

그런데 익히다 보면 뼈의 머리 부분이 툭 떨어지는 경우가 있다. 놀라지 마시라. 가늘고 긴 뼈에는 뼈몸통과 뼈끝이라는 부분이 있어, 다 자라 어른이 된 뼈는 견고하게 붙어 잘 떨어지지 않지만 아직 다 자라지 않은 뼈는 연결 부분이 약하여(뼈는 여기서 만들어져 자란다) 익히는 동안에 떨어진다.

이것은 나중에 연결하면 된다. 뼈를 잃어버리지만 않으면 괜찮다. 식용 돼지라면 다 자라지 않은 어린 돼지일 확률이 높다.

세척한 뼈는 넓은 종이 판지 위에 발등에서 본 발 모양대로 분류하여 배열한다. 이제 배열한 뼈가 미아가 되지 않도록 하면 된다.

(3) 건조와 보수

세척한 뼈를 종이 위에 배열한 순서대로 건조시킨다. 볕이 잘 드는 베란다에 하루 정도 두면 세척한 뼈들이 다 마른다. 마르면 세척할 때 떨어진 뼈끝과 뼈몸통을 보수한다. 이때는 접착제(목공용 본드 혹은 젤 형태의 순간접착제)를 사용한다. 뼈끝과 뼈몸통 사이에는 틈이 꽤 넓기 때문에 접착제를 푹푹 발라 꾹 붙인다. 이음 부분에서 접착제가 삐져나오므로 휴지로 닦아 낸다.

자, 이것으로 뼈 바르기는 다 끝났다. 뼈 지도와 비교해 보자. 부족한 뼈는 없는가? 왠지 순서를 잊어버릴 것만 같다, 늘어놓은 뼈를 누가 뒤집어엎을까 걱정이 되어 밤잠을 설칠 것 같다, 이런 사람들은 뼈 하나하나에 가는 펜으로 조그맣게 표시를 해 두자.

(4) 뼈를 더욱 깨끗하게 하고 싶다면

지금까지 소개한 것은 뼈 바르기의 기본이다. 익혀서 뼈를 발랐더니 살은 다 떨어지지도 않고, 기름기가 빠지지 않아 얼룩덜룩하고, 색이 하얗지 않아 지저분해 보인다고 실망한 사람도 있을 것이다. 그래도 멋진 골격 표본임에는 변함없지만 뼈를 더 깨끗하게 하고 싶다면 조금 더 익히면 된다. 단, 뼈는 하얗고 깨끗하게 할수록 물러지므로 적당히 익히는 것이 좋다. 뼈를 더 깨끗하게 만들기 위해 써 볼 수 있는 방법들을 소개하겠다.

–남아 있는 살을 좀 더 떼어 낸다

가장 효과적인 것은 좀 더 익히는 것이다. 다시 물을 받아 끓인 뒤

세척한 뼈를 뜨거운 물에 보글보글 끓인다. 익히면 익힐수록 살이 물러져 떼어 내기 쉬워진다. 핀셋과 칫솔로 북북 긁어낸다. 이 정도 하면 충분히 깨끗해진다.

앞에서 이야기한 틀니 세정제를 사용하는 방법도 있다. 적당한 그릇에 미지근한 물, 틀니 세정제, 뼈를 넣고 하룻밤 정도 담가 둔다. 그런 다음 물로 씻고 칫솔로 문지르면 깨끗해진다.

–기름기를 뺀다

벤젠을 사용한다. 벤젠은 기름을 녹이면서 그대로 상온에서 증발해 버리기 때문이다. 익혀서 세척까지 마친 뼈들을 건조시킨 다음 밀폐용기에 넣고 뼈가 잠길 만큼 벤젠을 붓는다. 벤젠을 낭비하지 않도록 뼈가 빈틈없이 꽉 들어가는 크기의 용기가 좋다.

얼마나 담가 둘지는 상태를 보고 결정하지만 간혹 몇 주씩 담가 두어야 할 때도 있다. 벤젠에서 꺼낸 다음에 잘 건조시킨다. 벤젠은 인화성 물질이므로 조심해서 다룰 것.

–뼈를 표백한다

냄비에 뼈를 넣고 뼈가 잠길 만큼 농도 3%의 과산화수소수를 채운다. 10분이 지나면 표면이 하얗게 변하므로 그대로 기다린다. 오래 담가 둘수록 하얗고 깨끗하게 되지만 그만큼 뼈 자체도 물러지므로 적당히 담가 두어야 한다.

대체로 두 시간 정도 담가 두면 만족스러울 정도로 하얗게 변한다. 과산화수소수가 손에 묻지 않게 주의해야 한다. 손이 표백되어 따끔

거리고 아프다. 원하는 만큼 하얗게 되면 과산화수소를 없애기 위해 물로 잘 씻어 말린다. 훨씬 하얗게 될 것이다.

4. 뼈를 분류한다

정성스럽게 세척을 끝내고 난 후 뼈는 여전히 제각각 흩어져 있을 것이다. 또 알아보기 쉽게 배열해 두어도 정체불명의 뼈를 발견하게 되는 사람도 있을 것이다. 여기서는 그런 이들을 위해 돼지 발뼈의 분류 방법을 소개하겠다. 만약 배열해 놓은 뼈가 완벽하다면 다음 단계로 곧장 넘어가면 된다.

족발은 돼지의 발이다. 돼지는 전후좌우 다리가 네 개 있다. 사람은 누구나 두 발로 걸으므로 발과 손이 각기 다른 역할을 하기에 전혀 다르게 생겼다. 그런데 돼지는 네 발로 걷기 때문에 모두 비슷하게 생겼다.

돼지는 발가락이 모두 네 개씩이다. 사람은 손가락 발가락 모두 다섯 개씩 있으므로 네 개밖에 없는 돼지 발을 보면 이상하게 느껴지는데, 돼지는 아무리 살펴보아도 엄지발가락이 없다. 둘째발가락, 셋째발가락, 넷째발가락, 새끼발가락 이렇게 네 개가 있다. 그리고 돼지가 서 있는 모습을 잘 보면 발가락 네 개가 항상 땅을 디디고 있는 것은 아니다.

셋째발가락과 넷째발가락 두 개의 발가락으로 몸을 지탱하고, 둘째발가락과 새끼발가락은 땅에 닿을 때도 있지만 닿지 않을 때도 있다. 닿든 닿지 않든 몸을 지탱하지는 않는다. 그러므로 가운데 발가락 두 개는 굵으면서 길고 양끝의 발가락 두 개는 가늘면서 짧다. 시장에서 파는 족발을 언뜻 보아도 이 특징을 잘 알 수 있다. 이것은 앞발과 뒷발이 모두 마찬가지다.

앞으로는 앞발을 기준으로 뼈의 이름을 설명하겠다. 같은 부분에 붙어 있는 뼈라도 앞발이냐 뒷발이냐에 따라 이름이 다르므로 뒷발을 다루는 사람은 괄호 안에 표기한 뒷발의 이름을 참고하기 바란다. 또 그림은 오른쪽 앞발을 그린 것이므로 왼쪽 발을 갖고 있는 사람은 좌우 반대가 된다. 지금부터 뼈를 분류하는 작업을 시작하겠다.

(1) 비슷한 것끼리 나눈다(끝마디뼈 – 중간마디뼈 – 첫마디뼈, 앞발허리뼈, 앞발목뼈, 종자뼈를 분류한다).

흩어진 뼈를 잘 살펴보면 몇 가지 타입이 있는 것을 알 수 있다. 막대기처럼 긴 뼈, 삼각뿔 모양의 뼈, 작은 뼈, 둥그스름한 뼈 등등. 먼저 특징에 따라 그룹별로 나눈다. 아래 순서대로 다섯 개의 그룹으로 나눌 수 있다.

–특징에 따른 분류

• 삼각뿔 모양의 뼈 : 삼각뿔의 바닥이 맨들맨들하며 오목하다. 큰 것이 두 개, 작은 것이 두 개로 모두 네 개이다.

⇒ 앞발가락뼈(뒷발가락뼈)의 끝마디뼈 → (3)으로

• 막대 모양의 뼈 : 한쪽 끝이 도르래처럼 생겨 툭 튀어나왔다. 뼈 중에 가장 크고 긴 것 두 개와 다음으로 긴 것 두 개(처음 두 개보다 가늘다)로 모두 네 개다. ⇒ 앞발허리뼈(뒷발허리뼈)

돼지 발뼈 지도
(앞발)

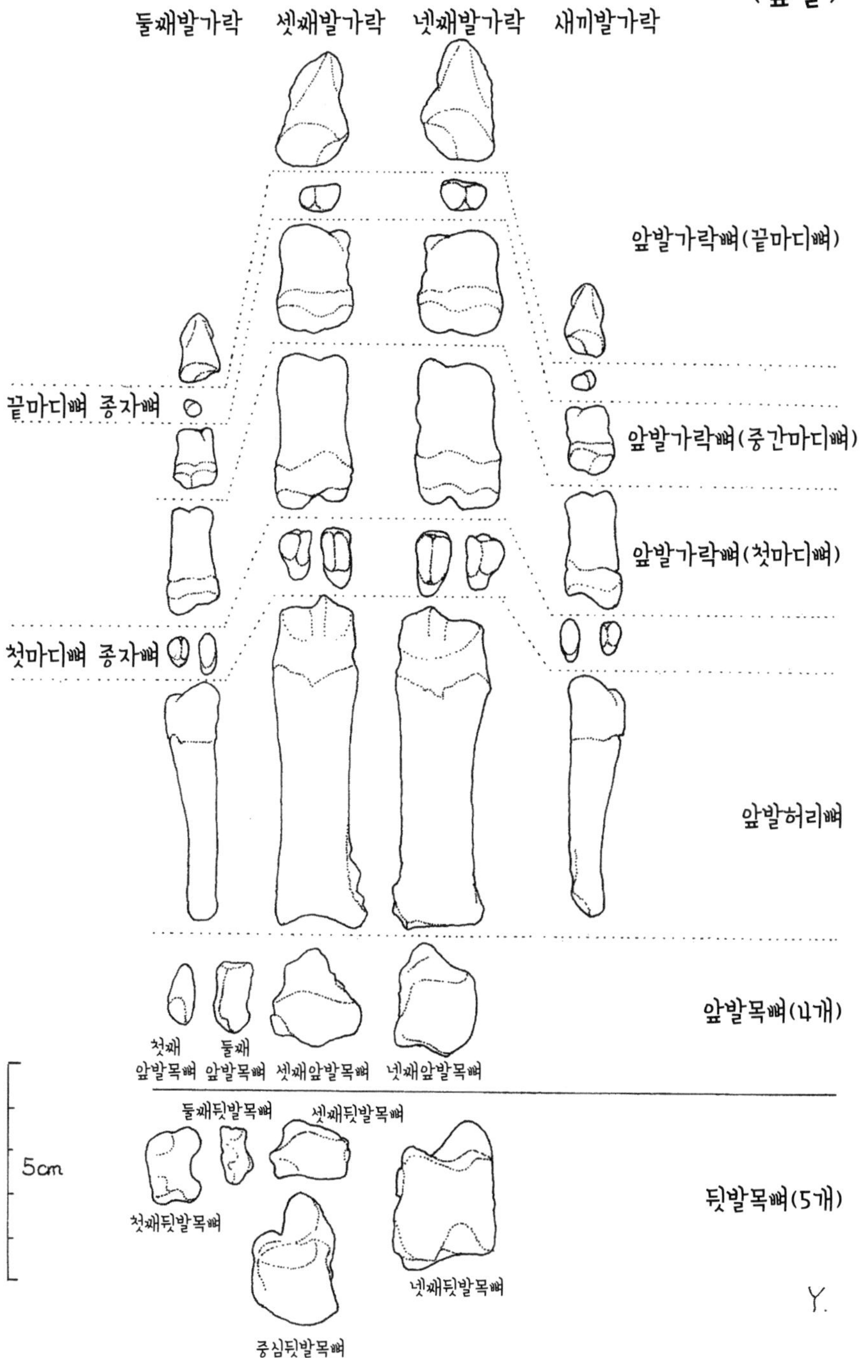

둘째발가락
셋째발가락
넷째발가락
새끼발가락
앞발가락뼈(끝마디뼈)
끝마디뼈 종자뼈
앞발가락뼈(중간마디뼈)
앞발가락뼈(첫마디뼈)
첫마디뼈 종자뼈
앞발허리뼈
앞발목뼈(4개)
첫째 앞발목뼈
둘째 앞발목뼈
셋째앞발목뼈
넷째앞발목뼈
둘째뒷발목뼈
셋째뒷발목뼈
5cm
뒷발목뼈(5개)
첫째뒷발목뼈
넷째뒷발목뼈
중심뒷발목뼈
Y.

→ (5)로

• 짧고 땅딸한 막대 모양의 뼈: 앞발허리뼈(뒷발허리뼈)와 비슷하지만 더욱 짧고 땅딸하다. 한쪽 끝은 맨들맨들하고 볼록하여 가운데 홈이 있고 다른 한쪽은 맨들맨들하고 오목하다. 굵은 것이 네 개, 가는 것이 네 개로 모두 여덟 개이다.

⇒ 앞발가락뼈(뒷발가락뼈)의 중간마디뼈, 첫마디뼈 → (4)로

• 작은 뼈: 원반 모양으로 한쪽 옆면이 맨들맨들한 모양의 것(큰 것 네 개, 작은 것 네 개, 모두 여덟 개)과 반원 모양으로 단면이 맨들맨들한 모양의 것(큰 것 두 개, 작은 것 두 개, 모두 네 개)이 있다. 모두 열두 개이다.

⇒ 종자뼈 → (6)으로

• 나머지 뼈: 커다란 덩어리 모양의 뼈부터 작은 파편 같은 뼈까지 형태는 다양하다. 모두 네 개(뒷발은 다섯 개)이다.

⇒ 앞발목뼈(뒷발목뼈) → (2)로

뼈를 다섯 개의 그룹으로 나누었다. 지금까지 분류한 그룹에서 더욱 상세하게 분류해 보자.

(2) 앞발목뼈(뒷발목뼈)의 분류

방금 전 마지막으로 분류한 나머지 뼈를 살펴보자.

• 앞발은 뼈의 수가 네 개다.

뼈 지도를 보면서 뼈를 나열한다. 크기와 생김새가 각각 다르므로 망설일 필요도 없다. 그림대로 배열했다면 가지고 있는 돼지 발이 오른쪽 앞발이라는 얘기다. 만일 좌우 반대로 뼈를 배열했으면 왼쪽 앞발이다.

• 뒷발은 뼈의 수가 다섯 개다.

앞발과 마찬가지로 뼈 지도와 대조해 보자. 같다면 오른쪽 뒷발, 좌우 반대라면 왼쪽 뒷발이다.

(3) 끝마디뼈의 분류

끝마디뼈는 발가락 가장 끝에 붙은 뼈다. 그러므로 어떤 발가락인지를 알면 된다. 각각의 밑바닥을 보면 삼각형 모양으로 맨들맨들하여 쏙 들어간 면에 줄이 있다. 줄이 세로가 되도록 책상에 놓아 본다. 지금 책상에 닿아 있는 면이 발바닥 쪽이다.

커다란 뼈 두 개가 셋째발가락과 넷째발가락, 작은 두 개가 둘째발가락과 새끼발가락이다. 그리고 뼈들은 위에서 볼 때 '삼각형의 꼭대기'와 '맨들맨들하고 쏙 들어간 면에 있는 세로줄'이 곧지 않고 한쪽으로 기울어져 있다. 그 기울어진 방향이 발가락 배열의 중심 방향이 된다. 바깥쪽을 향하고 있는 것이 있으면 좌우를 바꾸어 넣는다. 이것으로 끝. 오른쪽 발이면 왼쪽부터 둘째발가락, 셋째발가락, 넷째발가락, 새끼발가락이다. 왼쪽 발이면 반대이다.

(4) 중간마디뼈와 첫마디뼈의 분류

모두 막대 모양의 뼈로 한쪽이 도르래 모양으로 볼록하고 반대쪽이 오목하다. 볼록한 면이 있는 방향이 발가락 끝 방향이고 오목한 면이 있는 방향이 발가락 관절에 해당한다. 방향을 맞추어 모두 같은 방향으로 배열한다.

굵은 것 네 개와 가는 것 네 개를 나누고 그중에서 긴 것과 짧은 것을 나눈다. 오목한 면을 살펴보면 움푹 파였든가 툭 튀어나와 줄이 하나 있는 삼각형이다. 줄이 세로로 되도록 책상에 놓고 위에서 바라본다. 반대쪽은 홈이 있는 볼록한 면인데 그 홈이 기울어 있는 방향이 발가락 열의 중심 방향이다. 모든 뼈의 볼록한 면에 있는 홈이 중심을 향하도록 좌우를 바꾸어 보자.

(5) 앞발허리뼈(뒷발허리뼈)의 분류

이들은 발바닥에 해당하는 뼈다. 방향과 발가락 배열을 분류하는 요령은 발가락뼈와 같다. 관절의 볼록한 면의 모양을 보고 어떤 발가락인지를 판단한다. 만일을 위해 같은 열의 발허리뼈에서 끝마디뼈까지 연결해 본다. 딱 맞는가? 모든 관절에도 해당되는데, 뼈를 잇는 방법을 모를 때는 관절과 관절을 연결해 확인한다. 연결한 관절이 맞으면 기분 좋게 들어간다.

(6) 종자뼈의 분류

우선 책상 위에 자연스럽게 얹는다. 뼈의 옆면이 맨들맨들한(관절면) 뼈들(모두 여덟 개)과 앞쪽이나 뒤쪽 한쪽이 맨들맨들한 뼈들(모두 네 개, 그중 두 개는 너무 작아 맨들맨들한 면이 잘 보이지 않을 수도 있다)로 나눈다. 앞의 것이 첫마디뼈 종자뼈이고 뒤의 것이 끝마디뼈 종자뼈이다.

① 끝마디뼈 종자뼈의 분류

뼈 네 개 중에 큰 것 두 개가 가운데의 두 발가락에, 작은 것 두 개가 양끝의 발가락에 위치한다. 맨들맨들한 면이 부채 모양(역삼각형)으로 보이도록 놓는다. 맨들맨들한 면을 보면 한가운데가 툭 튀어나와 면을 두 개로 나누는데, 면이 더 큰 쪽이 발가락 열의 중심 방향이다. 작은 뼈 두 개는 작고 특징이 명확하지 않아 알아보기 어렵지만, 잘 살펴보면서 같은 방법으로 발가락 열을 정한다.

② 첫마디뼈 종자뼈의 분류

모두 여덟 개이므로 각 발가락에 두 개씩 있다. 끝마디뼈 종자뼈와 똑같이 큰 것 네 개가 가운데 두 발가락 열에, 작은 것 네 개가 양끝의 두 발가락 열에 들어간다. 각각 발가락 열에 들어가는 종자뼈는 세로로 긴 것이 안쪽에, 가로로 긴 것이 바깥쪽에 들어간다.

자, 이제 길 잃은 뼈는 없어졌을 것이다. 따분한 설명을 읽으면서 뼈의 이름도 어느 정도 머릿속에 들어왔을 것이다.

5. 뼈를 연결한다

(1) 뼈를 잇는 방법과 재료

뼈를 잇는 법이라고 해도 단순히 뼈만 잇는다면 그리 어렵지 않다.

각 뼈들을 제대로 배열하고 뼈의 위치만 똑바로 알면 그럭저럭 완성할 수 있다. 문제는 올바른 위치에 연결해 가며 그 동물에 어울리는 자세를 잡아 주는 것이다.

손발처럼 움직임이 많은 관절은 애시당초 한 가지 자세로 고정되어 있지 않고 자세에 따라 방향이 달라진다. 앞발가락 관절이 그러한데, 그런 관절을 연결할 때는 관절의 각도를 고민할 수밖에 없다. 동물이 어떤 상태일 때 어떤 각도로 관절을 구부리면 자연스러울까? 그것이 어려운 점이다. 하지만 처음에는 그런 고민을 할 필요가 없으므로 순서대로 형태를 잡아 가자.

돼지 발의 뼈를 연결할 때는 접착제(글루건, 목공용 본드, 또는 순간접착제)를 사용하기로 하자. 글루건은 막대 모양으로 굳어 있는 본드를 전용 기구에 넣어 일시적으로 녹였다가 굳히는 편리한 도구다. 단 강도는 낮다. 목공용 본드는 천천히 굳으므로 느긋하게 작업을 할 수 있고 잘못 연결한 경우 다시 고칠 수도 있다. 그렇지만 굳을 때까지 시간이 걸리는 것이 단점이다.

순간접착제는 목공용 본드에 비하면 빠르게 작업할 수 있다. 돼지 발같이 큼직한 뼈를 연결할 때는 '일반' 타입이 아니라 점성이 높은 '젤' 타입을 사용한다. 표면에 구멍이 많은 부분에도 잘 스며들지 않고, 순간접착제라고는 해도 금방 굳지 않아서 좋다. 붙이고 나서도 얼마 동안 뼈를 손볼 수 있다. 그리고 '경화 촉진제'라는 것이 있어 이것을 한두 방울 떨어뜨리면 순식간에 굳는다. 단, 이것은 실수했을 때 벗겨 내기가 쉽지 않다.

(2) 조립 순서

① 발목뼈의 연결

큰 뼈들을 먼저 짜 맞춘다. 앞발목뼈의 경우는 셋째발목뼈와 넷째발목뼈 두 개, 뒷발목뼈의 경우는 중심발목뼈, 셋째발목뼈, 넷째발목뼈 세 개다. 그리고 작은 뼈는 조절하면서 연결한다. 셋째발가락의 발허리뼈와 넷째발가락의 발허리뼈를 가까이 놓고 맞춰 보자. 딱 들어맞는 부분이 있을 것이다. 아직 접착제로 붙이지 말고 고무밴드로 고정시킨다.

그런 다음 발허리뼈와 발목뼈를 맞추어 보자. 어떤가? 뼈가 서로 잘 들어맞는가? 조금은 틈이 생길지 모르지만 균형을 잘 맞추어 보자. 뼈의 연결 방향과 방법을 알았다면 관절면에 접착제를 바르고 붙인다. 이어서 나머지 발목뼈도 똑같이 붙인다.

② 셋째발가락, 넷째발가락의 연결

방금 전 붙인 가운데 두 개의 발허리뼈를 발목뼈에 각각 연결한다. 같은 방식으로 셋째발가락, 넷째발가락의 첫마디뼈를 붙이고 이어서 중간마디뼈, 그리고 끝마디뼈를 붙인다. 각 관절은 앞뒤로 움직이는 관절이다. 발의 움직임에 따라서 구부러지는 모양이 다르므로 돼지의 발을 상상하며 각도를 정한다.

③ 둘째발가락, 새끼발가락의 연결

우선 발허리뼈의 관절을 찾아 맞추어 본다. 옆쪽 발허리뼈와 발목뼈는 관절이 있다. 딱 들어맞기는 어렵겠지만 그 주변의 균형을 잡

앞발목뼈의 연결

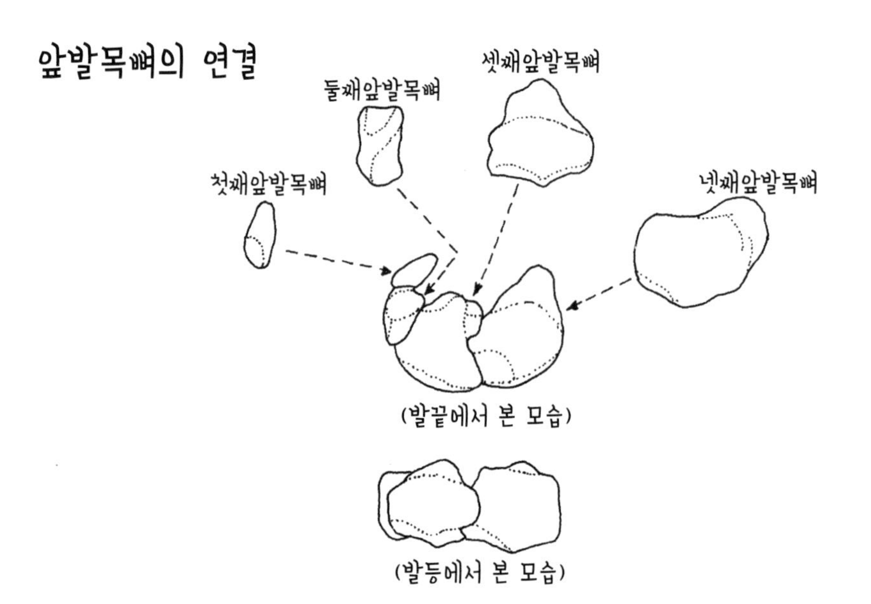

뒷발목뼈의 연결

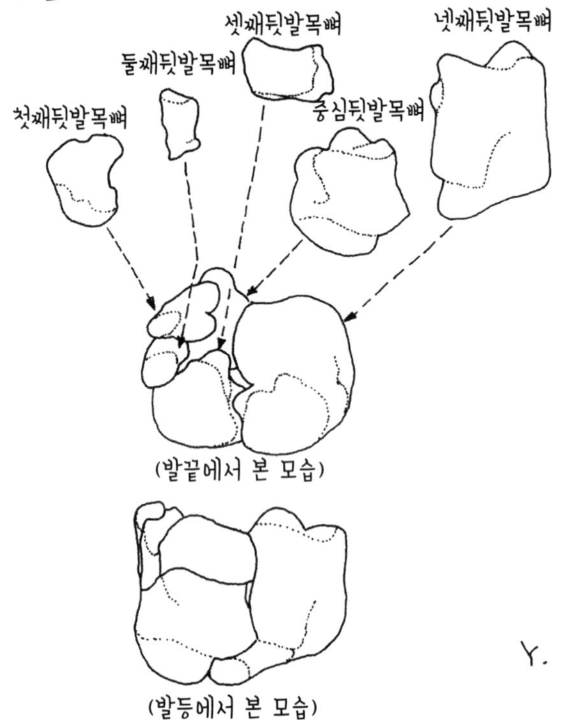

셋째발가락과 넷째발가락의 연결

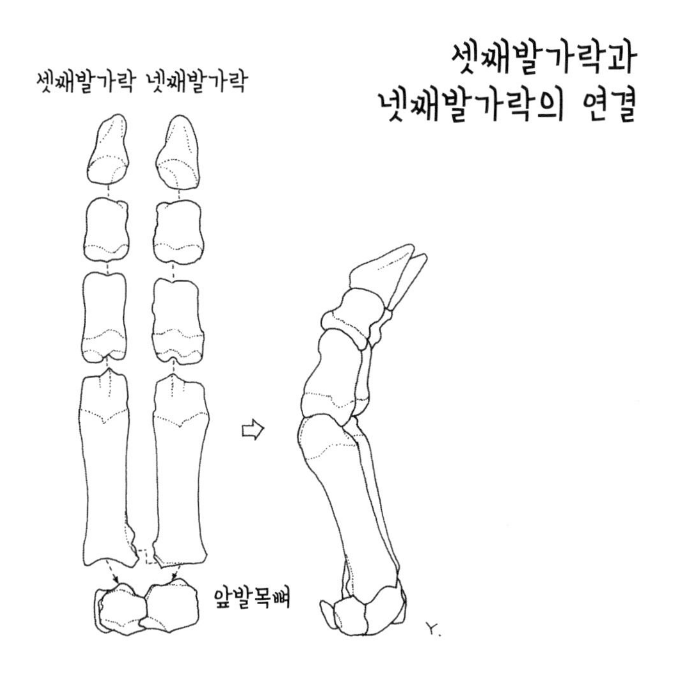

둘째발가락과 새끼발가락의 연결

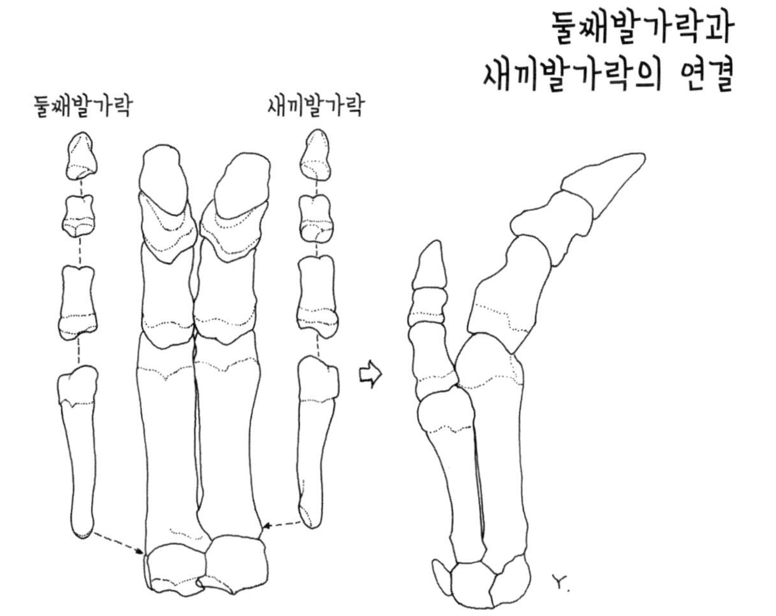

으며 조절한다. 그런 다음 첫마디뼈, 중간마디뼈, 끝마디뼈를 연결한다.

④ 종자뼈의 연결

우선 첫마디뼈 종자뼈부터 시작한다. 이 뼈는 각 관절에 두 개씩 있다. 그 관절을 뒤에서(발바닥 쪽에서) 보면 발허리뼈의 머리 부분에 길고 볼록하게 튀어나온 줄이 있는데, 두 개의 종자뼈는 튀어나온 줄을 양쪽에 두고 그 사이에 위치해 있다.

첫마디뼈 종자뼈는 잘 보면 두 개의 맨질맨질한 면이 있다. 그중 한쪽 면은 튀어나온 면과, 또 하나는 평평한 면과 이어진다. 종자뼈는 실제로는 발허리뼈에 붙어 있지 않다. 첫마디뼈의 발목 쪽 관절에 붙어 있다.

첫마디뼈 종자뼈는 첫마디뼈와 하나가 되어 발허리뼈의 도르래 모양의 관절면을 매끄럽게 움직인다. 위치를 알았다면 접착제로 첫마디뼈에 붙인다.

이어서 끝마디뼈 종자뼈를 붙일 차례. 관절을 똑같이 안쪽에서(발바닥 쪽에서) 보기 바란다. 중간마디뼈 쪽의 관절에는 아까와 다르게 한 줄의 홈이 있는데, 이 홈을 따라 종자뼈가 있고 여기에 끝마디뼈가 붙는다. 여기 또한 접착제로 붙인다. 이것으로 모두 완성되었다.

(3) 받침대 만들기

모처럼 완성한 골격 표본이므로 받침대가 있으면 더 그럴싸해 보일 것이다. 받침대는 어떤 것으로 하든 자유지만 '장식대'라고 팔고

종자뼈의 연결

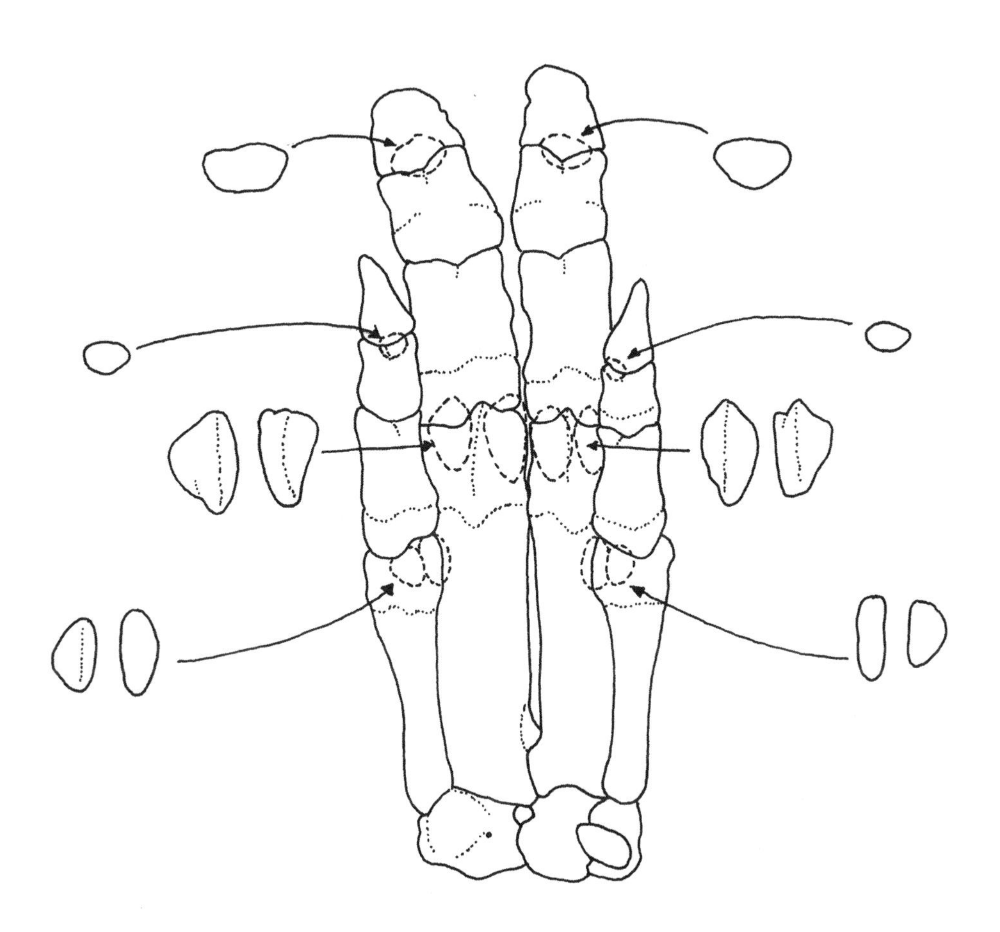

Y.

있는 나무판을 이용하는 것이 편하다. 이것은 둘레가 깨끗하게 다듬어져 있어 보기가 좋다.

나는 두께 1cm에 가로 20cm, 세로 10cm 크기의 나무판을 주로 사용한다. 나무판을 사포로 살짝 다듬고 니스를 칠하면 멋진 받침대가 완성된다. 받침대를 그럴듯하게 만들수록 골격 표본도 훨씬 훌륭하게 보인다.

돼지 발 골격 표본을 받침대에 붙일 때는 철사(22번이나 24번), 놋쇠로 된 가는 파이프(철사가 통과할 정도의 굵기)를 사용한다. 먼저 셋째발가락과 넷째발가락 중간마디뼈의 발목 쪽에 튀어나온 부분과 셋째발가락 혹은 넷째발가락의 발허리뼈의 관절 쪽에 툭 튀어나온 부분, 모두 세 군데에 철사 굵기에 맞추어 극세 드릴(혹은 송곳)로 구멍을 뚫는다. 구멍이 앞쪽(발등)까지 뚫리지 않도록 조심하면 겉보기에 깨끗하게 보인다. 받침대에 골격 표본을 얹어 방금 구멍을 뚫은 곳 바로 아래에 표시를 하고, 파이프의 굵기에 맞추어 구멍을 뚫는다.

뼈에 뚫은 구멍에서 받침대에 뚫은 구멍까지 길이를 재고, 그 길이에 5mm를 더한 길이(5mm는 받침대에 집어넣을 분량)로 파이프를 자른다. 뼈에 들어가는 철사가 비스듬하게 들어가면 파이프의 절단면도 여기에 맞추어 비스듬하게 줄로 깎는다.

세 개의 철사 한쪽 끝은 코일 감기를 한다. 1.5mm의 철사를 심으로 하여 촘촘하게 다섯 번 정도 휘감으면 코일 모양이 된다. 뼈에 뚫은 세 개의 구멍에 철사를 끼우고 고정될 때까지 철사를 감은 뒤 파이프에 집어넣는다. 받침대의 구멍에 철사를 끼우고 이어서 파이프를 받침대에 꽂는다.

돼지 발 표본을 받침대에 붙이는 방법

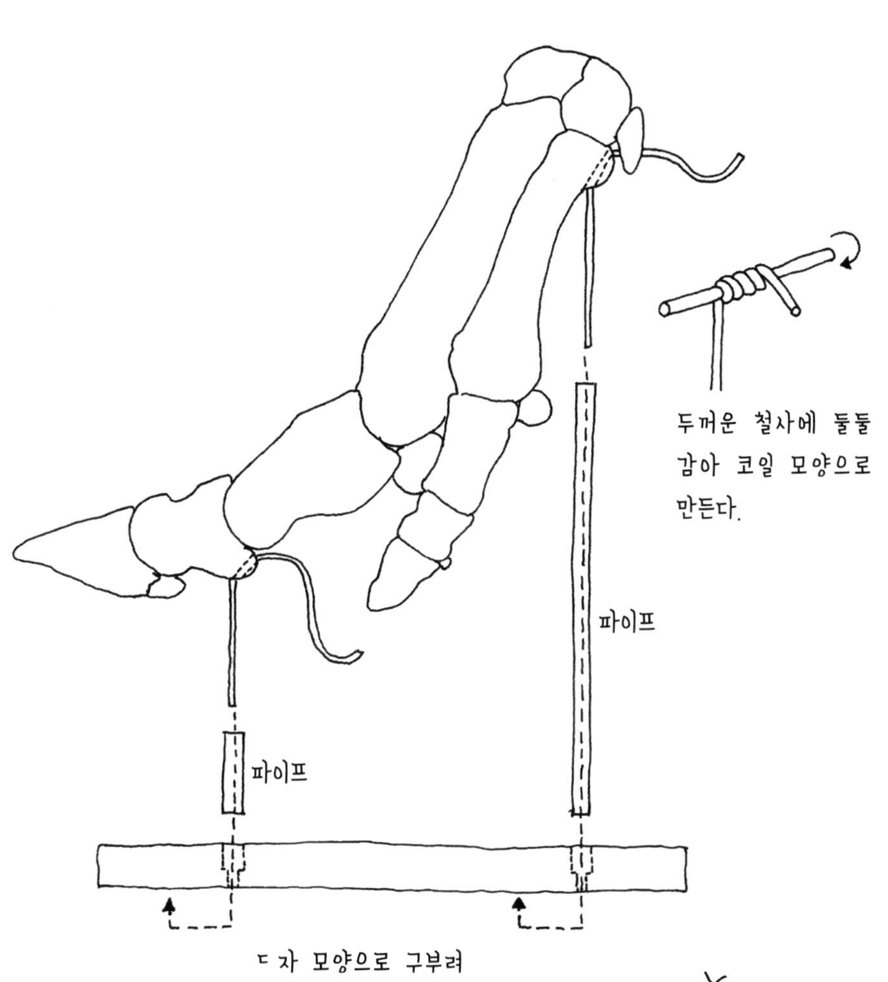

ㄷ자 모양으로 구부려
끝을 받침대 뒤쪽으로
밀어 넣어 고정시킨다.

Y.

잘 들어가지 않을 때는 파이프를 펜치로 잡아 돌리면서 밀어 넣는다. 받침대 밑으로 나온 철사를 당겨 균형을 잡는다. 기울어졌으면 파이프의 길이를 자르든가 받침대에 깊이 찔러 조절한다.

균형을 잡았다면 받침대 뒤로 나온 철사를 2cm 정도 남기고 자르고(절단면을 비스듬히 한다), 펜치 사이에 끼우고 쑥 잡아당겨서 'ㄷ'자 모양으로 구부린다. 그리고 스테이플러로 집는 것처럼 철사를 받침대에 망치로(없으면 펜치 머리로) 두드려 고정시킨다. 철사를 힘껏 당겨 헐거워지지 않도록 하는 것이 포인트.

마지막으로 파이프가 받침대와 수직이 되도록 조절하고, 만일을 대비해 받침대와 파이프가 만나는 부분에 접착제를 떨어뜨려 고정시킨다. 자, 이제 어떠한가? 받침대를 만들어 붙이니 훨씬 더 근사하게 보일 것이다.

6. 좀 더 알고 싶은 사람을 위하여

골격 표본은 기본적으로 여기서 소개한 순서대로 만든다. 즉 사체에서 가죽, 내장, 살 등 부드러운 조직을 제거하고 뼈를 꺼내 뼈 하나하나를 전체로 완성해 간다. 그리고 각 과정마다 몇 가지 방법이 있다.

뼈를 발라내는 방법도 다양하다. 뜨거운 물로 익힌다(우리는 대부분이 방법을 이용한다), 땅에 묻어 뼈만 남을 때쯤을 계산하여 파낸다(고래와 같은 커다란 동물의 경우에는 이 방법밖에 없다), 물에 적셔 두어 썩게 한다(냄새가 굉장히 지독하고, 나는 한 번도 시도해 본 적이 없다), 수시렁이 같은 곤충이 살을 먹게 한다(한 번 시도해 보았는데 수시렁이의 수가 적어서였는지 전혀 깨끗해지지 않았다) 등 여러 가지가 있다.

뼈를 연결하는 방법도 지금까지 소개한 접착제를 사용하는 방법과 철사와 같은 금속을 사용하는 방법이 있다. 접착제는 앞에서 말했듯이 글루건, 순간접착제, 목공용 본드를 사용할 수 있다. 단, 충격을 받거나 시간이 지나면 접착력이 없어져 뼈가 떨어지게 되는 결점이 있다. 우리 과학실에 있는 표본들도 접착제만으로 연결한 것은 시간이 지나면서 여기저기 뼈가 빠져 버렸다. 그때마다 보수를 해야 한다.

골격 표본을 더욱 탄탄하게 만들고 싶다면 철사나 나사를 이용해 뼈와 뼈를 연결한다. 예를 들어 동물의 발을 짤 때는 먼저 발목뼈 하나하나에 가는 구멍을 뚫고 뼈 여러 자루를 연결하여 철사를 통과시킨다. 발가락은 각각 가는 드릴이나 송곳으로 구멍을 뚫고 끝마디뼈–중간마디뼈–첫마디뼈–발허리뼈 순서로 철사를 통과시켜 연결한다.

이어서 종아리의 뼈(정강뼈와 종아리뼈가 있다)와 넙다리뼈에 가는 구

오른쪽 앞발

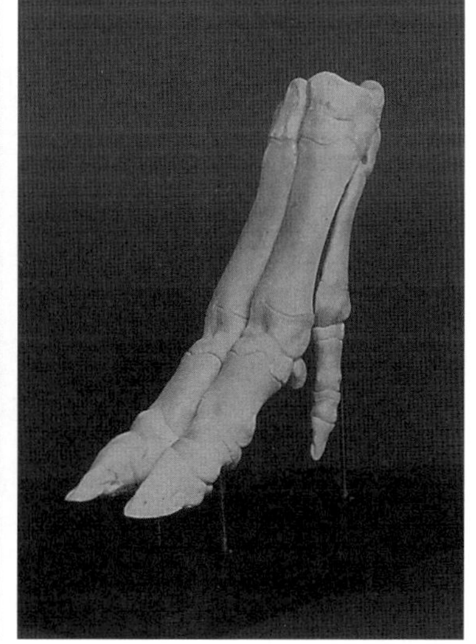

오른쪽 뒷발

멍을 뚫어 철사를 통과시키고 거기에 발을 연결한다.

접착제를 이용하지 않고 뼈끼리 모두 철사로 연결하면 확실한 표본이 될 수 있다. 단, 이 방법은 시간이 오래 걸린다. 너구리의 전신 골격을 거의 철사만으로 연결한 적이 한 번 있는데, 완성하기까지 몇 달이나 걸렸다. 뼈 하나하나에 가는 드릴(0.5mm의 극세 드릴을 핀바이스로 밀어 넣고 사용한다)로 구멍을 뚫어야 하므로(구멍 위치로 관절의 각도가 정해진다) 많은 노력이 필요하다. 자칫하면 뼈를 받치고 있는 자기 손가락을 뚫을 수도 있으니 조심할 것!

그래도 이 방법으로 힘겹게 완성한 너구리 골격 표본은 몇 년씩 수업 자료로 들고 다니며 상당히 거칠게 사용했지만 지금도 역시나 튼튼하다.

골격 표본 만들기에 관해서 말하자면, 나도 어느 날 갑자기 골격 표본을 만들 수 있었던 것은 아니다. 처음에는 전신 골격은 엄두도 내지 못해 겨우 머리뼈를 익혀서 만드는 정도였다. 그 뒤 모리구치 선생님과 이 책에 등장했던 많은 학생들과 함께 방법을 찾아 가며 점차 동물 전체의 골격을 완성할 수 있게 되었다.

우리가 참고하는 전문가들의 책은 기술과 설비가 우리가 하기에는 너무 벅차기 때문에 적당히 흉내 내는 정도로 즐기고 있다. 무슨 일이든 완벽하게 해내야 하는 성격을 가진 사람은 철저하게, 또 가볍게 즐기고 싶은 사람은 편하게 할 수 있는 방법을 찾아 각자 자신에게 맞는 방법으로 즐기면 좋지 않을까.

중학교 1학년 과학 시간에 소 머리뼈를 가지고 들어갔더니 아이들이 보자마자 "그거 진짜예요?" 하고 물었다. 그렇다고 대답해 주었지만 왜 그런 것을 묻는지 의아했다. 다음 시간에는 고래의 커다란 척추를 보여 주었더니 또 "그거 진짜예요?" 하고 누군가가 물었다.

"이게 가짜일 것 같니? 복제품을 이렇게 진짜와 똑같이 만들기는 쉽지 않아."

아이들은 왜 그렇게 늘 똑같은 질문을 하는 것일까? 언젠가 물어보았더니 아이들이 이렇게 대답했다.

"진짜 뼈가 이런 데 있을 리 없잖아요."

'진짜예요?'라는 물음 속에는 '동물 뼈가 우리 주변에 있을 리 없어.'라는 의미도 포함되어 있었다.

언젠가 박물관에 뼈 전시회를 보러 갔을 때의 일이다. 여섯 살짜리 여자아이가 엄마와 함께 들어왔다. 아이는 사람의 전신 골격이 전시되어 있는 곳으로 걸어가다가 "히익!" 하고 작게 비명을 지르더니 뒷걸음치며 다시 입구로 뛰쳐나갔다. 그 아이에게 뼈란 자신도 모르게 비명이 새어 나오는 무서운 물건임에 틀림없었다.

그 아이만큼은 아니더라도 뼈는 누구에게나 왠지 으스스한 기분이 들게 한다. 사체와 죽음이 함께 떠오르기 때문일까? 특별한 경우가 아니더라도 왠지 오싹하고 공포를 느끼게 하는 것이 뼈에 대한 일반적인 이미지인 것 같다.

돌아보면 나도 어릴 때에는 뼈를 직접 본 일도 없었고 박물관에서 마주친 그 여자아이처럼 뼈를 무서워하기도 했다. 단, 공룡을 동경하고 있었으므로 전시된 공룡 뼈들을 보며 뼈에 대한 면역을 조금은 가지고 있었을지도 모른다.

나는 대학에 입학하고 지층과 화석을 연구하는 연구실에 들어갔다. 화석이라고 해 봤자 방산충이라는 크기 1밀리미터도 되지 않는 플랑크톤의 화석만 다루었고, 무엇보다 일본에서는 그럴싸한 척추동물의 화석은 좀처럼 발굴되지 않는다는 사실도 알고 있었으므로 나는 뼈라는 것에 동경에 가까운 감정을 갖고 있었다. 생물의 뼈를 직접 다루게 된 것은 바닷가에 떠내려온 뼈들을 찾아다니고부터였다.

어느 날 바닷가를 돌아다니다 돌고래의 척추처럼 보이는 것을 발견했다. 모래사장에 밀려 올라온 그 뼈는 이미 오랫동안 풍화되어 하얗고 깨끗했으므로 거부감 없이 주워서 돌아올 수 있었다. 그 후로 나의 '뼈 줍기' 역사는 점점 발전해 갔다.

처음에는 깨끗하게 풍화된 뼈를 찾아 주웠고 다음에는 살이 조금 붙은 뼈를 가지고 돌아와 냄비에 끓여 깨끗하게 하였다. 그러다가 교통사고로 죽은 너구리의 머리뼈를 꺼낼 수 있게 되는, 그런 식의 흐름이었다. 뼈를 하나씩 만질 때마다 뼈에 대한 관심이 점점 커지면서 뼈라는 것이 생각보다 쉽게 발견할 수 있고 의외로 가까이 있음을 조금씩 깨닫게 되었다.

그렇다 해도 우리는 어쩌다가 과학실을 '해골의 방'이라고 부르게 될 만큼 이렇게 깊이 뼈에 빠져든 것일까? 사진작가 호시노 미치오의 《숲과 빙하와 고래》를 보면 뼈와 관련된 에피소드가 나온다. 알래스카 동굴에서 발견된 3만 5천 년 전의 곰 머리뼈를 보러 알래스카로 간다는 이야기였다. 작가는 뼈에 대해 이렇게 말하고 있다.

"뼈를 보고 있으면 일종의 평형감각을 얻을 수 있다. 생명의 의미를 이토록 깊이 생각해 본 적은 없었던 것 같다. 그리고 무엇보다도 뼈는 아름다웠다."

그리고 곰의 머리뼈가 든 상자를 안고 걸어가는 장면을 작가는 이렇게 기록한다.

"나무 상자가 흔들릴 때마다 덜컥덜컥 희미한 소리가 내 몸으로 전해져 온다. 그 투명한 소리도 나는 아름답게 느껴진다."

뼈에 대한 작가의 아름다운 글에는 생물을 바라보는 특별한 시선이 있음을 느낄 수 있었다. 특히 세상의 땅끝에 있는 자연도, 아무리 진귀한 생물의 생태도 TV만 틀면 볼 수 있는 현대에는 더욱 그렇다.

우리 앞에 뼈가 있다. 진짜 뼈이고 형태와 무게가 있고 직접 만져볼 수 있는 분명한 실체다. 뼈는 조금 으스스한 물건이지만 꼼꼼히 살펴보면 그 속에 여러 가지 의미에서 생물이 살아 있음을 느낄 수 있다. 뼈가 우리의 마음을 끌어당기는 것은 아마도 그런 이유 때문일 것이다.

야스다 마모루

뼈가 아름답다?

'뼈는 아름답다.'

이 책에 나오는 말이다. 이 책을 다 번역하고 나면 뼈가 얼마나 아름다운지 느끼게 될 거라 생각했는데 결국 그런 경지에는 이르지 못했다. 뼈는 왠지 으스스하고 오싹한 기분이 들게 한다는 생각이 너무 깊게 박혀 있던 탓일까. 저자인 모리구치 선생님도 뼈가 아름답다는 것을 느끼기까지 뼈를 주우러 다니고 골격 표본을 만들면서, 뼈를 만지며 많은 시간을 보냈다. 소중한 생명체의 일부이며 자연의 역사를 품고 있는 뼈. 뼈는 이토록 귀한 물건이다. 그래서 더 아름다운 것 아닐까.

이 책을 번역하면서 무심코 지나쳐버렸던 생명들과 자연에 대해 좀더 진지하게 생각하고 돌아보게 되었다. 그리고 우리 주변에서 접할 수 있는 사체와 뼈들을 의식하게 되었다. 치킨을 먹고 남은 닭의 뼈나 냉장고 속의 생선도 우리가 늘 대하는 생물들이었다.

생물과 사체에 대한 나의 생각이 조금씩 변해가는 것을 느끼면서 이 책을 읽는 많은 독자들도 이 책을 통해 자연을 돌아볼 기회를 갖게 되고 생명을 얼마나 소중하게 생각해야 하는지 느껴보기를 기대한다. 나아가 생물의 뼈가 얼마나 깊은 의미를 담고 있는지 그 의미를 찾아내고 뼈의 아름다움을 절절하게 느끼는 기회가 되기를 기대해본다.

이 책에는 톡톡 튀는 개성을 가진 아이들이 등장한다. 치킨의 뼈로 골격을 만드는 미노루, 물고기 골격을 짜기 위해 생선 가게를 찾아다니는 토모키, 퍼즐 맞추듯 뼈 골격을 짜는 요코, 우타, 아야코……. 아이들의 발상이 놀랍고 생물에 대한 열정이 대견하기까지 하다. 또 고래를 주우러 다니는 두 선생님의 모습에서 좋아하는 것을 위해서라면 땅끝까지 갈 듯한 열정을 읽는다. 이 열정이 정말 뜨겁다. 과연 그 선생님에 그 학생들이다.

골격 표본 만들기 부분을 읽을 때는 친절한 야스다 선생님의 설명에 나도 골격 표본을 만들어보고 싶다는 욕구가 생기기도 했다. 특히 우리나라 중고등학생들은 자유숲 중고등학교 학생들과는 달리 오로지 책을 통해서만 생물들을 접하고 있다. 이 책을 읽으며 '나도 골격 표본을 만들어보고 싶다'는 원대한 꿈을 꾸어보는 것도 좋을 것이고 실제로 골격 표본을 만들 기회가 생긴다면 참으로 유쾌한 경험이 될 것이다. 뼈를 가까이하며 뼈가 얼마나 아름다운지 독자들도 함께 느껴보기를…….

'뼈는 아름답다.'

박소연

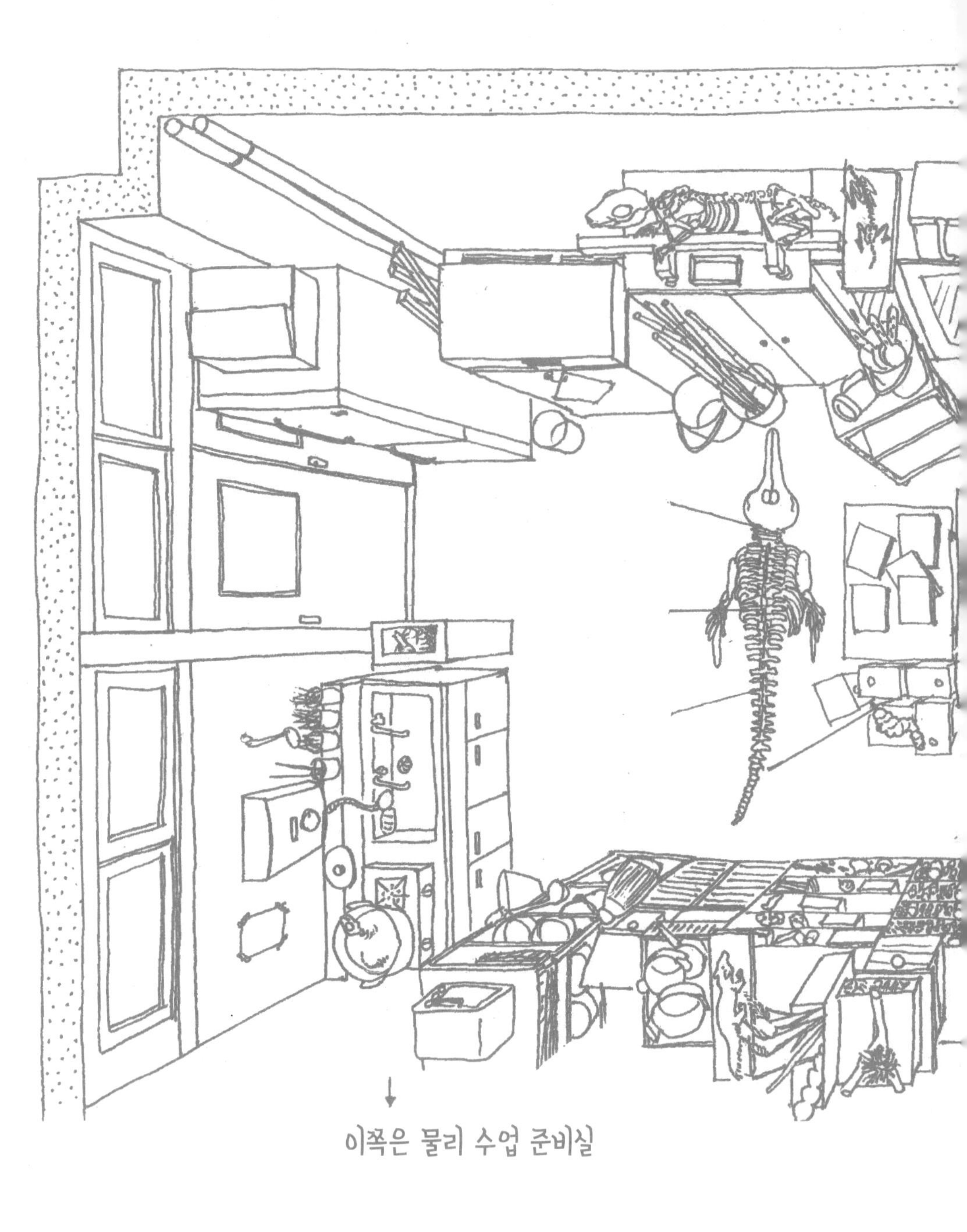
이쪽은 물리 수업 준비실

'해골의 방'이라 불리는
과학실이다.

뼈는 조금 으스스한 물건이지만
꼼꼼히 살펴보면
그 속에 여러 가지 의미에서
생물이 살아 있음을 느낄 수 있다.
뼈가 우리의 마음을 끌어당기는 것은
아마도 그런 이유 때문일 것이다.

— 야스다 마모루